MAS-UD Mustapha
Gumah Salifu

Cultura intercalar de milho e amendoim em diferentes espaçamentos e datas

MAS-UD Mustapha
Gumah Salifu

Cultura intercalar de milho e amendoim em diferentes espaçamentos e datas

Cultura intercalar de milho e amendoim

ScienciaScripts

Imprint
Any brand names and product names mentioned in this book are subject to trademark, brand or patent protection and are trademarks or registered trademarks of their respective holders. The use of brand names, product names, common names, trade names, product descriptions etc. even without a particular marking in this work is in no way to be construed to mean that such names may be regarded as unrestricted in respect of trademark and brand protection legislation and could thus be used by anyone.

Cover image: www.ingimage.com

This book is a translation from the original published under ISBN 978-3-659-86506-0.

Publisher:
Sciencia Scripts
is a trademark of
Dodo Books Indian Ocean Ltd. and OmniScriptum S.R.L publishing group

120 High Road, East Finchley, London, N2 9ED, United Kingdom
Str. Armeneasca 28/1, office 1, Chisinau MD-2012, Republic of Moldova, Europe
Managing Directors: Ieva Konstantinova, Victoria Ursu
info@omniscriptum.com

Printed at: see last page
ISBN: 978-620-8-53090-7

ÍNDICE DE CONTEÚDO

RESUMO

Foi realizado um estudo de campo para avaliar a disposição espacial mais apropriada e o tempo relativo de consorciação da leguminosa com o cereal usando duas culturas, nomeadamente milho e amendoim. O amendoim foi consorciado com o milho em três alturas diferentes e em duas disposições diferentes na exploração agrícola da Universidade do Gana durante a estação principal de 2010. As três fases de consociação foram: amendoim consorciado com milho ao mesmo tempo que o milho foi semeado; amendoim consorciado com milho uma semana após a semeadura do milho; e finalmente amendoim consorciado duas semanas após a semeadura do milho. A disposição espacial foi: uma fileira de amendoim após uma fileira de milho (1:1) e duas fileiras de amendoim após uma fileira de milho (1:2). As parcelas não consorciadas serviram de controlo. Utilizou-se um esquema de blocos completos aleatórios, repetido quatro vezes. O crescimento das plantas foi avaliado de duas em duas semanas através da medição do peso seco da biomassa. Outros dados recolhidos foram: Altura da planta, taxa de crescimento, dia para a borla, dias para a flor, teor de clorofila, rácios de equivalência de terra, índice de área foliar, rendimento e componentes do rendimento. O presente estudo revelou que o peso seco do rebento, o índice de área foliar, o rendimento de grãos e o índice de colheita diminuíram com o atraso da cultura intercalar. A altura da planta, a taxa de crescimento e os dias até 50% de floração do amendoim aumentaram com o retardamento da cultura intercalar. No caso do milho, as parcelas de cultivo intercalar com amendoim tardio produziram maior rendimento de grãos, matéria seca, índice de área foliar, altura na maturidade e índice de colheita. Os rácios de equivalência da terra (LER) também diminuíram com o atraso do cultivo intercalar, no entanto, os valores de LER para os cultivos intercalares foram superiores a 1,0, o que implica que os cultivos intercalares tiveram uma vantagem de rendimento sobre as culturas únicas. A cultura intercalar do amendoim em simultâneo com o milho deu o maior LER de 1,48 e 3,39 para o arranjo espacial 1:1 e 1:2, respetivamente. Os resultados sugerem, portanto, que no sistema de cultura intercalar amendoim-milho, tanto o amendoim como o milho devem ser plantados simultaneamente.

LISTA DE ACRÓNIMOS

GR= Growth rate

HI= Harvest index

T1= Previous time of taking record

T2= Current time of taking record

LAI= Leaf area index

LA= Leaf area

WAS= Weeks after sowing

LER= Land equivalent ratios

LSD= Least significance difference

CAPÍTULO 1

INTRODUÇÃO

A cultura intercalar é a prática de cultivar mais do que uma cultura simultaneamente em linhas alternadas no mesmo campo (Beets 1990). A cultura intercalar é um sistema de cultivo popular entre os pequenos agricultores nas regiões tropicais (Snaydon e Harris, 1979;) e tem sido praticada há muito tempo em muitos países de África, Índia e China (Fawusi, 1985) a fim de maximizar o rendimento por unidade de terra. A necessidade de explorar sistemas alternativos de culturas intercalares que são mais baratos e têm mais economia de espaço não pode ser enfatizada demais. A cultura intercalar de leguminosas com cereais é o sistema de cultivo mais predominante na zona de savana da África Ocidental (Fisher, 1979). Os camponeses praticam a cultura intercalar devido à necessidade de segurança, à necessidade de maximizar os rendimentos e aos efeitos benéficos das leguminosas noutras culturas (Norman 1977). Existe a possibilidade de que a competição entre culturas possa oferecer algumas soluções para o controlo de ervas daninhas (Schoonhoven e Voysest, 1993). A manutenção da fertilidade do solo é frequentemente um dos principais desafios na produção agrícola e a cultura intercalar é uma das opções disponíveis para manter a fertilidade do solo e o rendimento das culturas. A cultura intercalar de cereais e leguminosas continua a dominar em explorações agrícolas de pequena escala em muitos países de África, Índia e China (Fawasi, 1985) devido à enorme vantagem de rendimento sobre as culturas componentes cultivadas como culturas únicas (Fussell e Serafini, 1986).

O amendoim (*Arachis hypogaea L*) é uma das principais leguminosas para grão na África Subsariana. É uma componente importante dos sistemas de cultivo sustentáveis no Gana. Uma leguminosa de grão de dupla finalidade, como o amendoim, está disponível para a alimentação humana e para a melhoria da fertilidade do solo. É a única leguminosa consumida sob qualquer forma, como assada, fresca, seca, cozida ou cozinhada com sopa. Estas leguminosas obtêm uma grande proporção das suas necessidades de N através da fixação biológica de N, têm frequentemente um índice de colheita de N relativamente baixo e produzem uma quantidade substancial de grão e biomassa, o que as torna atractivas para os pequenos agricultores (Giller, 2001; Sanginga *et al.*, 2001). No Gana, a disposição espacial e a época de plantação de leguminosas como culturas intercalares com cereais não foram extensivamente investigadas e, como tal, as leguminosas são cultivadas intercaladas com cereais numa única linha ou em linhas duplas e na altura conveniente para o agricultor (uma semana ou duas semanas após a plantação de milho), o que resulta num baixo rendimento e, por conseguinte, num baixo rendimento. Em geral, observou-se que o espaçamento e a disposição das plantas cultivadas têm uma influência considerável no rendimento de uma cultura intercalar. O amendoim, quando cultivado em mistura com milho ou sorgo, produz rendimentos mais baixos por estande devido ao sombreamento. No entanto, apesar da redução do rendimento, as misturas que envolvem amendoim e cereais ainda produzem um maior rendimento total por hectare por estação do que uma única cultura. A prática, portanto, é manter a população de cereais baixa e aumentar a de amendoim (Kowal e Kassam, 1978). Thwala *et al.* (2004) observaram que o amendoim consorciado com milho produziu mais do que o feijão-de-lima (*Phaseolus lunatus*) consorciado com milho, e apoiaram a opinião de que o amendoim é mais eficiente do que outras leguminosas na capacidade de fixação de azoto (Yamada, 1974; Lindemann e Glover, 2003). As diferenças nos sistemas de culturas intercalares baseiam-se geralmente em diferenças nas datas de plantação das culturas componentes e na população das culturas componentes (Wolfswinkel, 2006) e na disposição espacial das culturas componentes (CSIR, 2005). Muitos estudos sobre a cultura intercalar milho/amendoim mostraram que a quantidade de N fixado pela leguminosa depende da densidade e do sistema de cultura intercalar (Rerkasem e Rerkasem, 1988).

Embora a cultura intercalar de amendoim e milho seja uma prática comum no Gana, especialmente na região Norte, falta informação quantitativa sobre a produtividade do sistema, a sua influência no rendimento das culturas componentes e nas componentes do rendimento, e o desempenho das culturas componentes sob vários padrões de cultura intercalar. Além disso, os efeitos da gestão, como as datas relativas de plantação do amendoim e do milho e o espaçamento entre fileiras, no rendimento não foram determinados (Yayock *et al.*, 1988).

O objetivo geral deste estudo foi determinar a disposição espacial adequada de um milho/amendoim e o tempo relativo de consociação da leguminosa com o cereal para obter um rendimento ótimo de grãos. Os objectivos específicos foram os seguintes

1. Avaliar o efeito das leguminosas intercaladas com atraso na cultura do milho

2. determinar o rendimento e os componentes de rendimento das culturas componentes

3. avaliar os rácios de equivalência da terra da cultura intercalar de amendoim e milho e

4. determinar os rendimentos marginais da cultura intercalar para o agricultor

CAPÍTULO 2

REVISÃO DA LITERATURA

2.1 Importância das culturas intercalares

De acordo com Norman (1977), os agricultores geralmente apresentam quatro razões principais para a cultura intercalar, que são: (1) Tradição, (2) Necessidade de segurança, (3) Necessidade de maximizar o rendimento de um fator que é limitante, como a mão de obra e (4) Efeitos benéficos das leguminosas sobre outras culturas. Quando as culturas são cuidadosamente selecionadas, obtêm-se também outros benefícios agronómicos. As plantas propensas ao acamamento (aquelas que são propensas a tombar com o vento ou chuva forte) podem receber apoio estrutural da sua cultura companheira (Trenbath, 1976). As plantas delicadas ou sensíveis à luz podem receber sombra ou proteção, ou o espaço desperdiçado pode ser utilizado. Um exemplo é o sistema tropical de várias camadas em que o coco ocupa a camada superior, a banana a camada intermédia e o ananás, o gengibre ou as leguminosas forrageiras, medicinais ou aromáticas ocupam a camada inferior. Nos casos em que os sistemas de culturas intercalares foram estudados na África Ocidental, os resultados, no seu conjunto, indicam que existem vantagens de rendimento em relação às culturas componentes cultivadas como culturas únicas (Fussel e Serafini, 1985). Ofori e Stern (1987) referiram que as culturas intercalares produzem rendimentos mais elevados e adequados numa vasta gama de combinações de componentes. Numa cultura intercalar de leguminosas, segundo Aggarwal *et al.* (1992), a fuga de azoto das folhas e a decomposição das folhas das leguminosas podem resultar na transferência de azoto das leguminosas para a cultura associada. Do mesmo modo, a cultura intercalar afecta a manutenção da fertilidade do solo através da fixação de azoto e da absorção diferencial de nutrientes (Reddy *et al.*, 1985). Willey (1979) observou uma melhor utilização da luz, dos nutrientes e do azoto fixado no sistema de culturas intercalares de leguminosas e cereais. Se uma cultura alta, especialmente C4, for intercalada com uma planta C3 mais baixa, há uma melhor utilização da luz (Clark e Frances). De acordo com Fussel e Serafini (1986), num sistema de culturas intercalares, as culturas associadas com hábitos de crescimento contrastantes permitem-lhes explorar melhor o tempo, a precipitação e outros recursos. Andrew (1974) também referiu que a cultura intercalar reduz os danos causados por pragas e doenças e, por conseguinte, assegura uma maior estabilidade da produção. De acordo com Gupta (1998), a cultura intercalar ajuda a suprimir, pelo menos, o crescimento secundário das folhas que ocorre depois de a cultura intercalar ter coberto totalmente o solo. Também foi relatado que a cultura intercalar provou ser superior às suas culturas componentes individuais na supressão de ervas daninhas (Bantilan e Harwood, 1973; Shetty e Rao, 1979) e, portanto, oferece uma oportunidade de utilizar as próprias culturas como ferramentas para a gestão de ervas daninhas. A eficiência da cultura intercalar, em comparação com a cultura única, foi evidenciada pelos elevados valores obtidos para o rácio de equivalência da terra (LER) para a biomassa, a espiga e a produção de vagens, que aumentaram com o aumento da população de plantas de feijão nas linhas de milho (Morgado e Willey, 2003). A cultura intercalar provocou uma redução significativa ($P<0,01$) do ataque de térmitas, reduziu a perda de rendimento de grãos de milho e aumentou a nidificação de formigas predadoras nos campos de milho (Ogenga-Latigo e Russell-Smith, 2002). Um pressuposto geral na cultura intercalar de cereais com leguminosas é que a leguminosa, quando associada ao Rhizobium específico, pode ter a maior parte das suas necessidades de N supridas através da fixação do N atmosférico, deixando o N disponível no solo para o cereal companheiro. Existe uma grande variação na capacidade de fornecimento de N entre as espécies de leguminosas (Senaratne *et al.*, 1995). A competição entre as culturas componentes por factores limitantes do crescimento é regulada por diferenças morfofisiológicas e factores agronómicos, tais como a proporção de culturas na mistura e a aplicação de fertilizantes (Trenbath, 1976; Russell & Caldwell, 1989). O cultivo intercalar de amendoim com milho seria vantajoso para o agricultor de pequena escala em termos de aumento do rendimento do milho, maior rendimento da cultura combinada/ha e maior supressão de ervas daninhas (Thwala e Ossom 2004). Inal *et al.,* (2007) observaram a importância dos sistemas de culturas intercalares como uma prática de gestão promissora para aliviar o stress da deficiência de Fe. A cultura intercalar também contribui para uma melhor nutrição das plantas com Zn, P e K, muito provavelmente afectando o processo biológico e químico na rizosfera. Embora existam numerosos méritos da cultura intercalar, existem também deméritos associados. Wahua (1983) referiu que as raízes das culturas em associação competem por nutrientes e outros recursos, o que pode afetar negativamente as culturas associadas.

2.2 Culturas intercalares de cereais e leguminosas nos trópicos

A cultura intercalar de leguminosas com outras não leguminosas é uma caraterística importante de muitos sistemas de cultivo nas regiões tropicais (Willey, 1979). Os sistemas tradicionais de culturas intercalares cobrem mais de 75% da área cultivada nos trópicos semi-áridos (Steiner 1984)

A cultura intercalar de leguminosas e cereais é uma prática antiga na agricultura tropical que remonta à civilização antiga. As culturas intercalares de leguminosas são fontes potenciais de nutrientes vegetais que complementam/suplementam os fertilizantes inorgânicos. As culturas intercalares de leguminosas são incluídas nos sistemas de cultivo porque reduzem a erosão do solo e suprimem as ervas daninhas (Exner e Cruse, 1993), e fixam o N biológico (Giller *et al.,* 1994). Além disso, certas culturas de leguminosas podem fornecer alimentos aos seres humanos e/ou ao gado. A integração de pequenas quantidades de N de fertilizantes inorgânicos juntamente com material orgânico e N de leguminosas anuais oferece uma estratégia para satisfazer as necessidades de N de pequenas explorações agrícolas (Waddington e Heisey, 1997). Snaydon e Harris (1979) descobriram que a cultura de leguminosas com cereais é o sistema de culturas intercalares mais popular nas regiões tropicais. Carruthers *et al* (1998) referiram que a cultura intercalar de milho com leguminosas é uma alternativa à monocultura de milho e é uma forma possível de reduzir a utilização de insumos, tais como herbicidas, mantendo os níveis actuais de controlo de ervas daninhas. Os sistemas que intercalam o milho com uma leguminosa são capazes de reduzir a quantidade de nutrientes retirados do solo em comparação com uma monocultura de milho. Na ausência de fertilizantes azotados, as leguminosas consorciadas fixam o azoto da atmosfera e não competem com o milho pelos recursos azotados (Adu-Gyamfi *et al.* 2007). A mistura de culturas fixadoras de azoto e de culturas não fixadoras dá maior produtividade do que a monocultura (Seran e Brintha, 2009). Banik e Sharma (2009) referiram que os sistemas de culturas intercalares de cereais e leguminosas eram superiores às monoculturas. O milho-frango deu um rendimento equivalente de milho elevado em relação ao rendimento de milho único (Hugar e Palled, 2008) e o rendimento do grão de milho não foi afetado na cultura intercalar de milho-frango (Pandita, 2001) e esta constatação está de acordo com Hugar e Palled (2008). Akinnifesi *et al.* (2006) revelaram que, sem a aplicação de fertilizantes azotados, o sistema de culturas intercalares de gliricídia e milho produziu um rendimento elevado de milho. West e Griffith (1992) observaram que o rendimento do milho aumentou em 26% em culturas intercalares de milho-soja. Este facto foi apoiado por Ghaffarzadeh *et al.* (1994). Tsubo *et al.* (2005) verificaram que o rendimento do milho não foi afetado pela cultura intercalar milho-feijão.

2.2.1 O rendimento das leguminosas em cultura única e influenciado pela cultura intercalar de cereais e leguminosas

Duncan *et al.* (1978) e Williams (2000) sugeriram que três processos fisiológicos explicam melhor a variação no rendimento do amendoim. São eles: (i) a partição dos assimilados entre as estruturas reprodutivas e vegetativas, (ii) a duração do período de enchimento das vagens e (iii) a taxa de estabelecimento das vagens. A produção de vagens é uma caraterística muito complexa que é afetada por interações entre diferentes períodos fenológicos (por exemplo, emergência, floração, maturidade, etc.) durante a fase vegetativa (Arkebauer *et al.,* 1994). Além disso, a radiação solar é a fonte de energia primária, que constitui um dos processos mais importantes para o solo e as plantas, como a evapotranspiração, a partilha de biomassa, a condutância estomática, a troca de carbono e a eficiência da utilização da água (Leong e Ong, 1983; Figuerola e Berlinger, 2006; Brown e Halweil, 1998; Williams, 2000; Kar, 2005). Willey e Osiru (1972) e Dagnew (1981) indicaram uma redução do rendimento do feijão e do milho quando a densidade populacional das plantas é reduzida nas culturas intercalares.

Durante uma pesquisa investigativa da cultura intercalar de um milheto de 82 dias e um amendoim de 105 dias, onde a disposição das fileiras da cultura intercalar era de 1 milheto: 3 amendoins e o espaçamento entre linhas de cada cultura foi o mesmo na cultura única e na cultura intercalar. No amendoim, o rendimento/planta e as componentes do rendimento foram semelhantes na cultura intercalar e na cultura única. O rendimento de sementes/planta foi um pouco mais de duas vezes superior no cultivo intercalar, o que foi conseguido através do aumento de cabeças/planta e sementes/cabeça. Calculado com base num rácio de equivalência da terra (LER), o cultivo intercalar deu mais 26% de rendimento reprodutivo (LER = 1,26) do que o cultivo das duas culturas separadamente; ambos os aumentos de rendimento foram estatisticamente significativos. O maior rendimento da cultura intercalar parece ter sido alcançado por uma maior eficiência na conversão da energia luminosa em matéria seca e não por qualquer aumento na quantidade de energia luminosa interceptada. Sugere-se que este aumento de eficiência pode ter sido devido ao facto de o dossel combinado da cultura intercalar ter resultado numa distribuição mais eficiente da luz por uma maior superfície de folhas (Reddy e Willey 1980).

Yamada (1974) referiu que, com base nos rendimentos reprodutivos, todos os sistemas de culturas intercalares: sistemas de painço/amendoim, o sistema de sorgo/milheto mostrou algum aumento nas vantagens relativas com o aumento do stress devido a índices de colheita mais elevados em culturas intercalares do que em culturas isoladas. Isto estava de acordo com os efeitos benéficos do azoto, tal como referido por Lindemann e Glover (2003), Bliss e Hardarson (1993), e Gomez e Gomez (1983). Também registaram um número significativamente mais elevado ($P<0,05$) de vagens/planta, rendimento de vagens e rendimento de sementes/ha em amendoim quando em monocultura, o que é consistente com as conclusões de Ossom e Nxumalo (2003). O rendimento de sementes do amendoim em monocultura (840,2 kg/ha) foi significativamente superior ao do amendoim em consociação (419,0 kg/ha). Não houve diferença significativa na altura das plantas de milho. No entanto, a altura proporcionou ao milho a vantagem de intercetar mais radiação solar (do que as leguminosas), que é um fator crucial no crescimento e desenvolvimento das culturas. Forcella *et al.,* (2002) As plantas em linhas mais largas compensaram o rendimento produzindo mais ramos e vagens por planta. O número de vagens cheias por planta foi até 70% maior para plantas no espaçamento mais largo em comparação com o espaçamento mais estreito entre linhas. Os dados indicam que isto se deveu em parte à competição entre plantas pelos recursos disponíveis de luz e nutrientes. Misbahulmunir *et al.* (1989) registaram uma maior produção de amendoim em cultura intercalar quando o milho e o amendoim foram plantados simultaneamente, em comparação com outras datas de plantação.

Mkandawire e Sibuga (2002) observaram que o aumento da densidade populacional de plantas se reflectia negativamente no rendimento de vagens. Durante as chuvas curtas, 9 plantas m^{-1} produziram os maiores rendimentos de vagens, enquanto que a 66 plantas m^{-2}, a produção de vagens foi geralmente mais baixa, independentemente do tipo de sementeira. Durante as chuvas longas, no entanto, a densidade populacional ideal para a produção de vagens foi de 22 plantas m^{-2} na sementeira plana, sem vantagem aparente de rendimento devido ao aumento da densidade de plantas para 66 plantas m^{-2}. O rendimento de grãos seguiu uma tendência semelhante para a cultura da estação chuvosa longa, mas nas chuvas curtas, o rendimento de grãos foi significativamente maior em geral para 9 ou 13 plantas m^{-2}. Diminuições semelhantes no rendimento de vagens foram relatadas noutros estudos. Por exemplo, Cumberland (1978) relatou altos rendimentos de vagens de amendoim bambara em densidades de 7 e 14 plantas m^{-2}. Da mesma forma, Eliesen e Freira (1992) trabalhando com amendoim e Edje *et al.* (1971) com feijão relataram uma diminuição no número de vagens $planta^{-1}$ com o aumento da população de plantas. Normalmente, com o aumento da densidade de plantas, a procura combinada de nutrientes e luz resulta em competição por estes recursos, a menos que o fornecimento seja ilimitado ou tenha sido de alguma forma suplementado. Neste estudo, todos os tratamentos de uma estação foram submetidos ao mesmo nível de fertilizante e regime de chuvas, portanto, com o aumento da população de plantas, a competição intraplanta entrou em vigor e provavelmente causou o declínio observado na produção de vagens. Ahmed e Rao (1981) indicaram que a cultura intercalar reduziu o rendimento da soja em 87% em comparação com a cultura única, principalmente devido à redução do crescimento das plantas e da formação de vagens.

Li *et al.* (2001) referiram que as vantagens da cultura intercalar no rendimento (40-70% para o trigo intercalado com milho e 28-30% para o trigo intercalado com soja) e na aquisição de nutrientes pelo trigo resultaram tanto do efeito da fileira fronteira como do efeito da fileira interior. A contribuição relativa para o aumento da biomassa foi de dois terços do efeito da linha de fronteira e um terço do efeito da linha interior. Foram registadas tendências semelhantes para a acumulação de N, P e K. Durante o período de co-crescimento, que dura cerca de 80 dias desde a emergência do milho ou da soja até à colheita do trigo, o rendimento e a aquisição de nutrientes pelo trigo consorciado aumentaram significativamente, enquanto os do milho ou da soja consorciados com o trigo diminuíram significativamente.

2.2.2 Rendimento dos cereais em cultura única e influenciado pela cultura intercalar de cereais e leguminosas

As vantagens de rendimento dos sistemas de culturas intercalares variam de 10-100% no painço (Fussell e Serafini 1985). De acordo com Agboola e Fayemi (1972), o cultivo intercalar de milho com feijão-frade (*phaseolus aureus)*, feijão-frade (*Vigna unguculata*) e mucuna (*Mucuna pruens)* aumentou o seu rendimento médio de grãos em 0,5 toneladas/ha em relação ao controlo. A cultura intercalar de milho e feijão-frade (*Vigna unguiculata*) é especialmente benéfica em solos pobres em azoto (Vesterager *et al.*, 2008). Como o feijão-frade obtém a maior parte do seu azoto da atmosfera, não compete com o milho pelo azoto no solo. Os rendimentos do milho não foram significativamente afectados pela cultura intercalar com feijão-frade (Vesterager *et* al., 2008). Mongi et al. (1976) descobriram que o feijão-frade plantado 3 semanas depois do milho tinha rendimentos significativamente reduzidos e, por conseguinte, recomendam a plantação de feijão-frade em simultâneo com o milho. Willey e Osiru (1972) e Dagnew (1981) indicaram uma redução do rendimento do feijão e do milho quando a densidade da população de plantas foi reduzida em culturas intercalares e indicaram ainda que a plantação simultânea poderia também reduzir os custos de mão de obra e operacionais, em contraste, a plantação tardia do feijão favoreceu o rendimento do grão de milho. Estes resultados estão de acordo com os de Francis *et al.*

(1982) com sistemas de culturas intercalares de feijão/milho e milho/feijão-frade.

São descritas duas experiências em que foram examinadas as possíveis vantagens de rendimento da mistura de milho e feijão em condições de agricultura intensiva. Foi utilizada uma "série de substituição" de milho puro, dois terços de milho/um terço de feijão, um terço de milho/dois terços de feijão e feijão puro, com quatro populações de plantas. Foi aplicado um elevado nível de azoto no milho para eliminar os efeitos da transferência de azoto do feijão. Os rendimentos das misturas foram até 38% superiores aos que poderiam ser obtidos se as culturas fossem cultivadas separadamente. Conclui-se que tal se deveu ao facto de as misturas terem conseguido uma maior utilização dos recursos ambientais; sugere-se que, devido às acentuadas diferenças de altura das duas culturas, uma maior utilização da luz foi provavelmente um fator importante. A necessidade de populações elevadas nas misturas é indicada, em parte porque os maiores aumentos de rendimento foram obtidos com populações elevadas e em parte porque as misturas exigiram uma pressão populacional mais elevada para produzir o seu rendimento máximo. Verificou-se que o milho tinha a maior capacidade competitiva relativa e que esta aumentava com o aumento da pressão da população de plantas. Sugere-se que este facto se deve provavelmente ao efeito de sombreamento que o milho exerce sobre o feijão. (Willey e Osiru, 1972).

2.3 Datas relativas de plantação do amendoim e do milho como culturas únicas e intercalares

O momento perfeito da data de plantação é um dos factores chave que afectam fortemente a produção na agricultura de sequeiro (Ati *et al.* 2002). Isto é especialmente verdade porque em muitas partes de África, a estação das chuvas começa com alguns aguaceiros ligeiros seguidos de períodos de seca que podem causar uma fraca emergência da cultura ou dessecar uma cultura jovem (Makarau, 1995). As diferenças na altura da plantação podem estar relacionadas com diferentes condições climáticas, especialmente no que diz respeito à precipitação, temperatura e fotoperíodo. No Gana, as principais áreas cultivadas situam-se na savana da Guiné , nas zonas de transição e na savana costeira. Na savana da Guiné e nas zonas de transição, a plantação ocorre entre o início de abril e o início de maio, e entre o final de agosto e o início de setembro. Na savana costeira há apenas uma época de cultivo, entre o início de abril e o início de maio. Estes períodos de plantação correspondem a diferentes regimes de precipitação e temperatura, pelo que o rendimento do amendoim bambara pode variar entre locais e períodos de plantação (Kumaga et al. 2002). Mkandawire e Sibuga (2002) referiram que na estação das chuvas longas, o amendoim bambara produz geralmente mais do que na estação das chuvas curtas, independentemente do tipo de cama de sementes ou da densidade de plantas. No entanto, Doku e Karikari (1970) descobriram que chuvas fortes afectam negativamente a produção de sementes de amendoim bambara. A plantação de amendoim, como indicado por Williams *et al.* (1980), é feita a um espaçamento de 30 cm por 15 cm ou 60 cm por 10 cm para o tipo ereto, com uma taxa de sementes de 60 a 80 kg/ha. A plantação começa em maio e junho, quando as temperaturas e os níveis de humidade são óptimos. A plantação tardia reduz o rendimento e a concorrência das ervas daninhas devido à falta de humidade durante o período crítico (Frimpong, 2002).

O milho é uma das principais culturas do Gana e, por isso, tem sido objeto de muita investigação no país. No Gana, os esforços para desenvolver milho de qualidade proteica ou variedades de milho com elevado teor de lisina aceitáveis para os consumidores têm uma história bastante longa e remontam ao início dos anos 80 (Tweneboah, 2000). Em 1990, o GGDP, em colaboração com o CIMMYT e a SG 2000, iniciou um programa de investigação com o objetivo de produzir milho de qualidade proteica com qualidades de endosperma aceitáveis para os consumidores. Após um processo de seleção, melhoramento e avaliação, a primeira variedade de milho proteico de qualidade, obatanpa, foi lançada em 1992 pelo GGDP para distribuição a agricultores selecionados para multiplicação (Tweneboah, 2000). A obatanpa foi utilizada para esta investigação. Outras variedades de milho são Dobidi, Kawanzie, Golden Crystal, Safita-2, Okomasa, Abeleehi, Dorke SR, Mamaba, Dadaba, Cidaba.

Entre todas as variedades testadas pela estação de investigação do Crop Research Institute em Nyankpala, na Região Norte, Mani Pintar, Lao-Kung Tsu-tou, LungtouTe- tao, F-Mix, Sinkarzei e Tirik parecem ser as mais notáveis. Embora a chinesa seja a de menor rendimento entre todas as variedades, é a variedade mais utilizada no país (torrada para consumo em cru, pasta de amendoim preferida para sopas, óleo de amendoim e bolo de amendoim, entre outros). Por conseguinte, é a mais cara no mercado em relação às outras variedades, que raramente estão à venda no mercado devido ao fraco patrocínio.

2.4 Eficiência na utilização de factores de produção em culturas intercalares

2.4.1 Eficiência na utilização de nutrientes:

As principais razões para rendimentos mais elevados em culturas intercalares é que as culturas componentes são capazes de utilizar os recursos naturais de forma diferente e fazer uma melhor utilização global dos recursos naturais do que cultivadas separadamente (Willey, 1979). Vesterager *et al.* (2008) descobriram que a cultura intercalar de milho e feijão-frade é benéfica em solos pobres em azoto. A cultura intercalar de milho e feijão-frade aumenta a quantidade de azoto, fósforo e potássio em comparação com a monocultura de milho (Dahmardeh *et al.*, 2010). Suryanta e Harwood (1976) relataram que a absorção e a utilização de nutrientes são mais eficientes em culturas intercalares de milho-arroz e milho-soja do que nessas culturas em monocultura.

Os sistemas que intercalam o milho com uma leguminosa são capazes de reduzir a quantidade de nutrientes retirados do solo em comparação com uma monocultura de milho. Quando o fertilizante azotado não é aplicado no campo, as leguminosas consorciadas fixam a maior parte do seu azoto da atmosfera e não competem com o milho pelos recursos de azoto (Adu-Gyamfi *et al.* 2007). A escolha de culturas compatíveis para um sistema de culturas intercalares depende do hábito de crescimento das plantas, da terra, da luz, da água e da utilização de fertilizantes (Brintha e Seran, 2009). Hardarson e Atkins (2003) verificaram que a cultura intercalar de leguminosas e cereais aumenta a fixação de azoto pelas leguminosas. Silwana e Lucas (2000) relataram que diferentes espécies de culturas em misturas aumentam a captura de recursos limitantes do crescimento e Andrews (1972) afirmou que diferentes épocas de plantação das culturas componentes melhoram a utilização dos recursos e reduzem a competição. A partilha de recursos limitantes entre plantas cultivadas ocorre sempre que as plantas são cultivadas em associação (Blade *et al.*, 1997).

2.4.2 Eficiência na utilização da mão de obra

O aumento da diversidade da estrutura física das plantas num sistema de culturas intercalares produz muitos benefícios. O aumento da cobertura foliar em sistemas de culturas intercalares ajuda a reduzir as populações de ervas daninhas, uma vez que as culturas estão estabelecidas (Beets 1990). O sombreamento mostrou um potencial considerável como meio de reduzir a propagação de *Cyperus rotundus* (Patterson, 1982). Este facto realça a possível importância de cultivar mais de duas culturas no mesmo terreno ao mesmo tempo. As culturas mistas reduzem a incidência de ervas daninhas (Altieri e Liebman, 1986; Zuofa *et al.*, 1992). Makindea *et al.* (2009) descobriram que as folhas verdes podem ser intercaladas com o milho para controlar as infestantes nas regiões tropicais e aumentar a produtividade. A supressão de ervas daninhas em culturas intercalares de milho e amendoim foi relatada por Steiner (1984). O cultivo intercalar de milho e leguminosas reduziu consideravelmente a densidade de ervas daninhas em comparação com o monocultivo de milho, devido à diminuição da luz disponível para as ervas daninhas em comparação com as monoculturas (Dimitrios *et al.*, 2010). As vantagens da cultura intercalar no controlo de ervas daninhas em condições de baixa utilização de factores de produção e o aumento dos rendimentos das culturas componentes conduzem a um melhor controlo das ervas daninhas (Leihner, 1979).

2.4.3 Eficiência na utilização da água

A disponibilidade de água no sistema de cultivo é vital para determinar o crescimento da planta. A melhoria da eficiência do uso da água nas culturas intercalares leva a um aumento da utilização de outros recursos (Hook e Gascho, 1988). As culturas intercalares foram identificadas como conservadoras de água, em grande parte devido ao elevado índice de área foliar precoce e à maior área foliar (Ogindo e Walker, 2005).

Em condições normais, a cultura intercalar de cereais e leguminosas utiliza a água de forma igual (Ofori e Stern, 1987). Morris e Garrity (1993) descobriram que a eficiência da utilização de água por culturas intercalares excede em muito a eficiência da utilização de água por culturas únicas, muitas vezes em mais de 18% e até 99%. Willey (1979) afirmou que os cereais e as leguminosas utilizam a água de forma mais eficiente do que as monoculturas. Barhom (2001) relatou que a eficiência do uso da água foi a mais alta em consórcio soja-milho em comparação com o monocultivo de milho e monocultivo de soja. Ter uma variedade de sistemas radiculares no solo reduz a perda de água, aumenta a absorção de água e aumenta a transpiração. O aumento da transpiração pode tornar o microclima mais fresco, o que, juntamente com o aumento da cobertura foliar, ajuda a arrefecer o solo e a reduzir a evaporação (Innis 1997). Isto é importante durante períodos de stress hídrico, uma vez que as plantas consorciadas utilizam uma maior percentagem da água disponível do campo do que as plantas monocultivadas. A criação de quebra-ventos também pode modificar o microclima. Fileiras de milho num campo com uma cultura mais curta reduzirão a velocidade do vento acima das culturas mais curtas e, assim, reduzirão a dessecação (Beets 1990). A cultura intercalar de soja e milho foi o melhor sistema de combinação durante os períodos de escassez de água (Tsubo *et al.,* 2005). Em áreas onde há escassez de água, a cultura intercalar é um método mais adequado (Lynam *et al.*, 1986). A eficiência biológica da cultura intercalar deve-se à exploração de uma grande massa de solo em comparação com a monocultura (Francis, 1989).

2.4.4 Eficiência na utilização da luz

A proporção de radiação interceptada é determinada pela arquitetura da planta, que é geneticamente determinada, e pela taxa de fecho do dossel. A taxa de desenvolvimento do dossel é, por sua vez, afetada pelas práticas de gestão. Para acelerar o fecho do dossel e aumentar a interceção da radiação, a densidade de plantação tem uma grande influência. Isto apoia o ponto de vista de Yayock *et al.,* (1988), que observaram que a interceção da luz e a taxa de crescimento subsequente são funções da área foliar e da densidade populacional.

Jiao *et al.* (2008) verificaram que a cultura intercalar de milho e amendoim melhorou a utilização eficiente da luz forte pelo milho e da luz fraca pelo amendoim, o que levou a vantagens de rendimento. Diferentes sistemas de raízes e folhas são capazes de aproveitar mais luz e fazer uso de mais água e nutrientes do que quando as raízes e folhas de apenas uma espécie estão presentes. Quando apenas uma espécie é cultivada, todas as raízes tendem a competir umas com as outras, uma vez que são todas semelhantes na sua orientação e profundidade abaixo da superfície. Da mesma forma, as folhas das plantas da mesma espécie são diretamente opostas e crescem ao mesmo ritmo que as outras, enquanto as folhas de uma planta de outra espécie não competem diretamente pela luz solar no espaço e no tempo. Nas regiões tropicais, as plantas de vários andares colhidas em sequência podem utilizar a energia do sol durante todo o ano. Um dossel de folhas combinado pode fazer um melhor uso especial da luz (Waddington e Edward, 1989). A cultura intercalar entre culturas de dossel alto e baixo é uma prática comum na agricultura tropical e, para melhorar a interceção da luz e, consequentemente, os rendimentos das culturas mais curtas, é necessário que estas sejam plantadas entre linhas suficientemente largas das culturas mais altas. A cultura intercalar de soja e milho tem sido atribuída a uma melhor utilização da radiação solar (Keating e Carberry, 1993), nutrientes (Willey, 1990) e água (Morris e Garrity, 1993) em relação à monocultura. Quando duas culturas morfologicamente dissimilares com diferentes períodos de maturidade são consorciadas, a luz é o fator vital que determina o rendimento (Willey, 1979). A competição pela luz afectou a altura da planta em culturas intercalares de pimento e arbusto (Jeyakumaran e Seran, 2007). Jiao *et al.* (2008) relataram que a cultura intercalar de milho e amendoim tinha uma vantagem óbvia de rendimento, com o rendimento económico total de 2.896 kg hm(-2) em 2004 e 2.894 kg hm(-2) em 2005, e aumentou a taxa de utilização da terra em 14%-17%. Observou-se que, para as folhas funcionais do milho, o consórcio aumentou o ponto de saturação da luz, o ponto de compensação e a taxa fotossintética sob luz forte; enquanto que para as folhas funcionais do amendoim, reduziu o ponto de saturação da luz e o ponto de compensação, mas aumentou o rendimento quântico aparente da fotossíntese e a taxa fotossintética sob luz fraca, indicando que o consórcio milho-amendoim aumentou a eficiência de utilização da luz forte pelo milho e a da luz fraca pelo amendoim, fazendo com que este sistema de consórcio apresente uma vantagem óbvia em termos de rendimento

2.5 A influência da densidade populacional de plantas no rendimento de matéria seca do milho e do amendoim em cultura intercalar

A densidade de plantas é uma das práticas culturais mais importantes que determinam o rendimento de grãos, bem como outros atributos agronómicos importantes do milho. A densidade do povoamento afecta a arquitetura da planta, altera os padrões de crescimento e desenvolvimento e influencia a produção e a partição de hidratos de carbono (Casal, 1985). O milho é mais sensível a variações na densidade das plantas do que outros membros da família das gramíneas (Almeida & Sangoi, 1996). Densidades mais elevadas de plantas de milho afectam negativamente o índice de área foliar (IAF), o rendimento de grãos, o tamanho da espiga e o rendimento (Wiyo *et al.*, 1999). Além disso, por outro lado, o uso de populações elevadas aumenta a competição entre plantas por luz, água e nutrientes. Isto pode ser prejudicial para o rendimento final, porque estimula a dominância apical, induz a esterilidade e, em última análise, diminui o número de espigas produzidas por planta e o número de grãos por espiga (Sangoi & Salvador, 1998). Hashemi *et al.*, (2005) registaram o rendimento biológico mais elevado de 90000 plantas ha-1 contra 60000 e 30000 plantas/ha. Ammanullah *et al.*, (2009) também registaram um maior rendimento biológico com populações de plantas mais elevadas.

Karunatilake *et al.* (2000) que relataram maior biomassa de caule e raiz em parcelas lavradas em comparação com lavoura zero explicaram que o aumento do rendimento biológico em populações de plantas mais altas pode ser devido ao aumento do número de plantas, bem como da altura das plantas individuais em populações mais densas.

Inal *et al.*, (2007) revelaram que os rendimentos de rebentos de plantas de amendoim e milho diminuíram com a consociação das plantas, em comparação com as plantas em monocultura.

Ofori e Stern (1987b); Henriet *et al.* (1997); Russell e Caldwell (1989), trabalhando em culturas intercalares de cereais/leguminosas, observaram que uma maior densidade de milho em culturas intercalares sombreava o feijão-frade, causada pela maior altura do milho, e reduzia o crescimento do feijão-frade. Estes foram graves no padrão 2 linhasM:4 linhasC e densidade de milho de 40 000 plantas ha-1.

O crescimento do amendoim e a produção de vagens são influenciados pelo espaçamento de sementeira e pela densidade de plantas, Giayetto *et al.,* (1998) relataram que o crescimento vegetativo era sensível ao efeito do espaçamento. A nível de planta individual, a matéria seca e a área foliar diminuíram significativamente devido à maior competição intra-específica produzida pelo encurtamento das distâncias entre linhas (de 0,70 para 0,30 m) e entre plantas (de 0,12 para 0,06 m) e a densidade correspondente aumentou de 12 para 56 plantas/m2. No entanto, ao nível da população, os espaçamentos mais compactos produziram mais matéria seca por superfície e índice de área foliar. Este facto está também relacionado com o menor tempo necessário para que as plantas nestes espaçamentos atinjam uma interceção de radiação superior a 90%. A distribuição da matéria seca não variou com os espaçamentos de sementeira. O número de ramos por planta foi reduzido com o aumento da densidade.

Yayock, (1979) usou cultivares com diferentes hábitos de crescimento e encontrou menos ramificações primárias e secundárias e matéria seca por planta, e uma maior proporção de peso seco nos caules durante os estágios finais de crescimento com um aumento da densidade de 43.000 para 271.000 plantas/ha. No entanto, o aumento da densidade de plantas teve o efeito oposto na acumulação de matéria seca. O índice de área foliar (IAF) aumentou com a densidade de sementeira, variando entre cultivares e locais. Estes resultados são semelhantes aos obtidos anteriormente por Cahaner e Ashiri (1974), com diferentes densidades e distâncias entre linhas para amendoins do tipo Virgínia com diferentes hábitos de crescimento. Mais tarde, Giri e Saran (1986) estudaram cultivares do tipo virgínia e espanhol e verificaram que os rendimentos eram significativamente maiores para altas densidades, enquanto o crescimento individual, medido com base na matéria seca por planta, era menor e correspondia a menos vagens por planta.

Mkandawire e Sibuga (2002) referiram que o LAI aumentava com a densidade populacional. Os valores mais elevados de LAI para as chuvas longas (5,8 cm^2) e chuvas curtas (9,8 cm^2) foram registados a uma densidade populacional de 66 plantas m^{-2}. O aumento do LAI com o aumento da densidade de plantas, no entanto, não resultou necessariamente em rendimentos elevados. Bell *et al.*, (1987) relataram que o rendimento biológico (biomassa acima do solo mais vagens) não respondia à relação espacial na gama 1:1-1:7:19, mas aumentava acentuadamente (12 600-16 900 kg ha^{-1}), com o aumento da densidade até à densidade máxima de 588 000 plantas ha^{-1}. Em contrapartida, o rendimento económico (vagens e grãos comercialmente recuperáveis) foi relativamente indiferente à densidade das plantas na gama de 88 000-394 000 plantas ha⁻ı, após o que se registou um declínio acentuado (6 500 kg ha^{-1} de vagens ou 4 900 kg ha^{-1} de grãos, caindo para 5 700 kg ha^{-1} de vagens ou 4 300 kg ha^{-1} de grãos). O rendimento económico foi maximizado com uma disposição quadrada das plantas (6 900 kg $ha^{(-1)\ de}$ vagens ou 5 200 kg $ha^{(-1)\ de}$ grãos), mas não foi relativamente afetado pelo aumento da retangularidade das plantas a partir de relações espaciais de 1:2,15-1:7,19 (6 100 kg ha^{-1} de vagens ou 4 600 kg ha^{-1} de grãos). O aumento do rendimento biológico com o aumento da planta foi atribuído principalmente a diferenças na quantidade de radiação fotossinteticamente ativa (ΓAR) interceptada *(I),* que foi evidente durante o crescimento vegetativo e o desenvolvimento do grão.

Vários autores observaram que a produção de matéria seca está mais relacionada com a utilização da radiação solar do que com a sua interceção (Tollenaaar & Bruuselma, 1988; Westgate et al., 1997).

A acumulação de rendimento de matéria seca de uma planta de milho individual diminui com o aumento da população de plantas de feijão e o efeito competitivo é maior ao nível mais elevado num arranjo de uma linha de milho para três linhas de feijão (Morgado e Willey, 2003). A elevada biomassa de milho em culturas intercalares, em comparação com a respectiva cultura única, foi relatada por Rerkasem e Rerkasem (1998), e a maior produção de biomassa deve-se ao maior crescimento da cultura não leguminosa. A competição entre as culturas componentes pelos factores limitantes do crescimento é regulada por factores como a proporção de culturas na mistura e a aplicação de fertilizantes (Trenbath, 1976; Russell e Caldwell, 1989).

Thwala *et al.*, (2004) não observaram qualquer vantagem do milho puro em relação ao milho associado em termos de altura e largura do dossel. A área foliar continuou a aumentar de um modo geral ao longo da experiência, sem quaisquer diminuições significativas, de acordo com as observações de Tsuno e Fujise (1965). Allison (1969), relatou que o peso seco do grão e total do milho na colheita final aumentou em cerca de 50% e 30%, respetivamente, quando a população foi aumentada de 23000 para 48000 plantas/ha, mas não aumentou mais com a população até 74000/ha. Também se verificou que a produção de matéria seca aumentou quando o milho é intercalado em relação ao milho solteiro (Searle *et al.*, 1981; Clement *et al.*, 1992, Rerkasem e Rerkasem, 1998).

Azam-Ali *et al.* (1988) referiram que a matéria seca total está intimamente relacionada com a transpiração e a quantidade de radiação interceptada pela folhagem. Mozingo e Wright (1995) encontraram um efeito altamente significativo no rendimento quando utilizaram a configuração de sementeira em forma de diamante e diferentes cultivares. Semeaduras de alta densidade (0,152~0,152 m) tiveram um rendimento maior do que as configurações mais espaçadas (0,457~0,457m). Sibuga *et al.* (1990) não relataram nenhuma vantagem no rendimento de grãos com o aumento da área foliar. Collinson *et al.* (2000), em experiências com a época de sementeira do amendoim bambara, associaram de forma semelhante os baixos rendimentos de vagens e de grãos a culturas plantadas mais tarde, que também sofreram com a seca que limitou a convenção da radiação solar em matéria seca para a produção de grãos. Thwala e Ossom (2004), a partir da sua investigação, mostraram que o número de folhas/planta em ambas as culturas de leguminosas foi negativamente afetado pela cultura intercalar. O amendoim puro desenvolveu um número significativamente ($P<0,05$) maior de folhas do que a cultura mista. A cultura intercalar foi desvantajosa para o amendoim no desenvolvimento da área foliar. O milho proporcionou sombra às leguminosas, e a luz solar foi limitante para as culturas de leguminosas; portanto, a formação de folhas nas leguminosas foi prejudicada. As leguminosas cultivadas em consórcio cresceram mais do que as suas homólogas isoladas. As plantas de amendoim mais altas observadas na associação amendoim-milho foram provavelmente uma consequência da competição de luz e espaço com o milho. Foi demonstrado que a competição e um habitat sombrio desencadeiam o desenvolvimento de partes de plantas mais longas (Anon, 2004). Natarajan *et al.*, (1985) relataram que as vantagens de rendimento de matéria seca da cultura intercalar em comparação com a cultura única variaram de 8 a 30% para os sistemas de milheto/amendoim, 0 a 19% para os sistemas de sorgo/amendoim e 5 a 15% para o sistema de sorgo/milheto; o stress de humidade não teve efeito consistente sobre estas vantagens de matéria seca

2.6 Nodulação e fixação de N2 pelo amendoim em cultivo solteiro e consorciado

Muitos estudos sobre a cultura intercalar de cereais e leguminosas mostraram que a quantidade de N fixado pela leguminosa depende de factores como a morfologia, a densidade e a capacidade competitiva da leguminosa (Ofori e Stern, 1987), a eficácia da simbiose rizóbia e o sistema de cultura intercalar (Rerkasem e Rerkasem, 1988). O amendoim (*Arachis hypogaea* L.) é tradicionalmente consorciado com culturas como o milheto, o milho e o sorgo, e também com o feijão bóer em zonas de cultivo de amendoim por agricultores marginais e sub-marginais durante a estação das chuvas (Reddy et al., 1980). Estas misturas de leguminosas/não leguminosas reduzem provavelmente a competição pelo azoto (N), uma vez que a leguminosa depende principalmente da sua própria fixação de N, enquanto o cereal utiliza N mineral (Ofori e Stern, 1987 e Rerkasem et al., 1988). Na cultura intercalar de cereais e leguminosas, a componente leguminosa é capaz de fixar o N2 atmosférico em condições favoráveis, o que se pensa reduzir a competição pelo N com o cereal (Trenbath, 1976). Na ausência de um sistema eficaz de fixação de N2, tanto o cereal como a leguminosa intercalada competem pelo N disponível no solo (Ofori e Stern, 1987). Giller e Cadisch (1995) afirmam que, na presença de N adequado ou excessivo no solo, as leguminosas desactivam a fixação de N2 e utilizam o N disponível no solo. A quantidade de N2 fixado pelas leguminosas pode ser bastante elevada, embora alguns trabalhadores tenham demonstrado que as leguminosas também podem esgotar o azoto do solo (Rupela e Saxena 1987; Blumenthal et al. 1982;)

Os rendimentos de N das leguminosas em culturas intercalares são geralmente mais baixos do que os das leguminosas isoladas porque as culturas intercalares ocupam menos área de terra e estão sujeitas à competição por recursos, particularmente por luz, da cultura de cereais mais alta (Nambiar et al., 1983). Mpangane (2001) observou que a redução da luz devido ao sombreamento por cereais de crescimento alto pode ser a causa da fraca nodulação no amendoim. Esta redução da energia luminosa afecta a fixação de N2 ao restringir a fotossíntese e o fornecimento de energia às raízes, reduzindo assim a nodulação e o tamanho dos nódulos (Nambiar et al., 1983). O baixo teor de N dos rebentos de amendoim medido nos sistemas de culturas intercalares de cereais pode ser atribuído principalmente à menor fixação de azoto e à redução da absorção de N do solo sob

fotossíntese restrita. A redução na fixação de N2 da soja pelo sombreamento causado pelo milho foi relatada por Wahue e Miller (1978). A nodulação e a fixação de N2 do amendoim foram investigadas em sistemas isolados e consorciados. O cultivo intercalar com milheto, milho ou sorgo reduziu a nodulação e a fixação de N2 (Nambiar *et al.,* 1982). Este efeito é atribuído ao sombreamento do amendoim pela cultura de cereais e à consequente diminuição da fotossíntese da copa da leguminosa. A maior competição do milho pelo N disponível no solo em altas populações de feijão, quando as plantas de feijão estão mais próximas das fileiras de milho, estimula a nodulação das raízes do feijão consorciado (Abaidoo e Kessel, 1989). Ghosh (2004), descobriu que o sombreamento criado pelo milheto pérola de crescimento alto; sorgo e milho no amendoim inibiu a nodulação normal e afectou o CGR, LAI e NAR no amendoim, resultando numa diminuição do rendimento das vagens. Giller e Cadisch (1995) registaram uma diminuição da fixação de N2 pelas leguminosas devido ao excesso de N disponível nas plantas. Eaglesham *et al.* (1983) concluíram, com base em estudos em vasos, que as aplicações de fertilizantes com mais de 25 kg de N ha-1 inibiriam provavelmente a fixação de N do feijão-frade em condições de campo. A utilização de resíduos de leguminosas melhorou a nodulação e a fixação de N, mais uma vez devido à maior quantidade de N fornecida, uma vez que a maioria das leguminosas tropicais necessita de algum N para este processo biológico (Giller e Wilson, 2001). Nambiar et al. (1983) observaram que, quando as folhas laterais da cultura do sorgo foram removidas, o amendoim consorciado nodulou melhor e fixou mais N. Wahue e Miller (1978) relataram uma redução semelhante na fixação de N2 da soja devido ao sombreamento causado pelo milho.

2.7 Floração do amendoim e desponta do milho em cultivo único e intercalar

Takatlidis e Koutroubas, (2004) verificaram que as plantas de milho plantadas com uma densidade de plantação mais baixa tendem a florescer e a amadurecer mais cedo do que as plantadas com uma densidade mais elevada. Hashemi - Dzefouli e Herbert (1992), trabalhando com milho, também registaram resultados semelhantes. O atraso nos períodos de floração devido ao stress das plantas também foi relatado por Muchow (1989) trabalhando com milho, onde foram observadas diferenças de quatro dias nas plantas que estavam sob stress. Modiba (2002), trabalhando com milho, também indicou que o stress numa planta de milho atrasou a floração em Syferkuil. Rengel e Graham (1995) observaram que as plantas de milho sob stress florescem mais cedo. Mpangane (2001) observou que os dias para a floração e maturidade de todas as cultivares de feijão nhemba não diferiram entre o cultivo único e o cultivo intercalar com milho. O baixo teor de N dos rebentos de amendoim medido nos sistemas de culturas intercalares de cereais pode ser atribuído principalmente à menor fixação de azoto e à redução da absorção de N do solo sob fotossíntese restrita. Ahmed e Rao (1981) observaram que a cultura intercalar atrasou a formação de borlas e a silagem do milho em até 2 dias, mas não influenciou a taxa de desenvolvimento da soja.

CAPÍTULO 3

MATERIAIS E MÉTODOS

3.1 Sítio experimental

Foram realizadas experiências de campo e em vaso na quinta da Universidade do Gana, Legon, de abril de 2010 a agosto de 2010. O local experimental situa-se na zona costeira da Savana, com uma precipitação média anual de 750 mm e uma temperatura de 26 °C. O solo pertence à série Adenta, Acrisol férrico, e é bem drenado, de textura ligeira e fácil de trabalhar. O perfil superficial do solo é franco-arenoso e consiste em cerca de 20 cm de areia castanha clara a castanha, com uma estrutura granular fina e fraca e uma consistência solta e friável (FAO UNESCO, 1990).

Durante o período de estudo (abril-agosto), a precipitação média máxima foi registada em junho (259,7 mm), enquanto a mínima foi registada em agosto (42,1 mm). A temperatura máxima foi de 34,4 °C em abril, enquanto a temperatura mínima média de 23,3 °C foi registada em julho e agosto, conforme indicado no (Quadro 1).

Tabela 1: Dados climáticos mensais durante o período de estudo abril-agosto de 2010.

Meses	Precipitação (mm)	Relativo humidade (%)	Temperatura (°C) Mínimo	Temperatura (°C) Máximo
abril	74.9	67	25.6	34.4
maio	-	-	-	-
junho	259.7	77	24.3	30.1
julho	63.7	75	23.3	29.1
agosto	42.1	74	23.3	29.1

Fonte: *Agência metrológica do Gana, Mempeasem- Legon.*

3.2 Materiais de plantação

O material de plantação dos componentes da cultura intercalar, o milho (Obaatampa) foi obtido da AGRIMAT Accra, enquanto o amendoim (*chinês*) foi obtido da unidade de sementes do Ministério da Alimentação e Agricultura (MoFA), unidade de sementes de Tamale. A variedade particular de milho utilizada tem um período de maturação de 105 dias, enquanto o do amendoim (chinês), que é do tipo ereto, é de 90 dias (Morris *et al.*, 1999)

3.3 Conceção e esquema experimental

Foi utilizado um projeto de blocos completos aleatórios com quatro repetições. Os tratamentos consistiram em parcelas só de milho e só de amendoim. Havia também parcelas onde o amendoim era intercalado com o milho. Os amendoins foram intercalados nas linhas de milho com uma linha (1:1 milho/amendoim) ou duas linhas (1:2 milho/amendoim) de amendoim. Além disso, o amendoim foi intercalado no mesmo dia da sementeira do milho (0WAS), uma semana após a sementeira do milho (1WAS) e, finalmente, duas semanas após a sementeira do milho (2WAS).

3.4 Experiência de campo

A variedade de milho (Obatanpa) foi plantada a um espaçamento de 80 cm por 40 cm (FCDP, 2005) tanto na cultura única como na cultura intercalar, dando uma população de 23.946 plantas/ha. As linhas de milho utilizadas tanto nos campos de cultura única como nos de cultura intercalar eram seis (6), enquanto o número de plantas numa linha era dez (10). A população de plantas resultante foi a seguinte: milho 23.946 plantas/ha; amendoim em fileira simples, 35.919 plantas/ha; amendoim em fileira dupla 71.838 plantas/ha.

As parcelas com uma fileira de amendoim entre duas fileiras de milho tinham um espaçamento de 40 cm entre o milho e as plantas de amendoim, enquanto as parcelas com duas fileiras de amendoim entre duas fileiras de milho tinham um espaçamento de 25 cm entre o milho e o amendoim e de 30 cm entre as plantas de amendoim. O espaçamento dentro da linha foi o mesmo tanto para a cultura única como para a cultura intercalar; 40cm para o milho e 20cm para o amendoim (FCDP, 2005).

3.5 Práticas culturais

A lavoura e a gradagem do terreno foram efectuadas, após o que se procedeu ao revestimento e à cravação. O fertilizante composto inorgânico (15-15-15, NPK) foi aplicado a 100kg/ha duas semanas após a plantação e o fertilizante de sulfato de amoníaco foi aplicado a 50kg/ha seis semanas após a plantação como adubação lateral. Estes foram aplicados a pelo menos 5 cm de profundidade e a 5 cm de distância das plantas e cobertos com solo superficial.

A sacha foi efectuada duas semanas após a plantação e novamente quando as plantas tinham seis semanas de idade. A rega foi efectuada com um regador quando necessário para complementar a precipitação. O controlo das pragas de insectos foi efectuado utilizando Dimethrin 25g 11 (Plano D) a uma taxa de 25ml por 15 litros de água. Esta medida de controlo foi aplicada duas vezes com um intervalo de 2 semanas para garantir o controlo completo das pragas de insectos.

3.6 Dados recolhidos

Foram recolhidos dados sobre os seguintes parâmetros para as experiências de campo e de vaso, exceto os indicados no campo

3.6.1 Milho (*Zea mays l*):

a) Crescimento e rendimento

b) Altura da planta e taxa de crescimento

Dez plantas de milho das linhas centrais por tratamento foram selecionadas aleatoriamente e marcadas para o estudo. A altura das plantas selecionadas foi medida desde o nível do solo até ao nó mais visível, com um intervalo de duas semanas. A média aritmética foi calculada para a determinação da taxa de crescimento. A taxa de crescimento (GR) entre os tempos T1 e T2 foi determinada usando a relação:

$$\text{Growth rate (GR)} = \frac{\text{Height of maize at time T2} - \text{Height at time T1}}{\text{Height at time T1}}$$

A taxa de crescimento foi estimada em centímetros por semana.

c) Teor de clorofila

O teor de clorofila de duas folhas abaixo da espiga, na espiga e acima da espiga foi medido, respetivamente, no despontar, utilizando um medidor de clorofila (modelo: Minolta SPAD, Japão). Foram utilizadas dez plantas selecionadas aleatoriamente por parcela.

d) Área foliar total e índice de área foliar

O comprimento e a largura máxima de todas as folhas verdes das plantas selecionadas foram medidos com uma régua métrica, com um intervalo de duas semanas. O produto do comprimento e da largura de cada folha foi multiplicado por 0,75 para obter a área de cada folha. A área foliar total foi obtida através da soma das áreas foliares das dez plantas. A área foliar média de uma planta foi determinada para cada tratamento. O índice de área foliar foi determinado utilizando a relação:

$$\text{Leaf area index (LAI)} = \frac{\text{Total leaf area of plant}}{\text{Land area}}$$

e) Dias para 50% de desfolhamento

As plantas foram observadas criticamente todos os dias durante o período de desfolhamento e o número de plantas desfolhadas foi registado em cada dia. O período para cinquenta por cento de desfolhamento foi determinado a partir dos dados.

f) Dias até à muda

As plantas com borlas foram examinadas todos os dias para detetar sinais de ensilagem. O número de plantas ensiladas foi contado todos os dias e o período até cinquenta por cento de ensilagem foi determinado.

g) Altura da planta na maturidade (Campo)

A altura das plantas na maturidade foi medida do nível do solo até à base da borla com uma fita métrica.

h) Rendimento do milho em grão (rendimento económico - campo)

Os grãos foram descascados da espiga e secos ao sol até um teor de humidade de 14%. O peso dos grãos das plantas amostradas foi medido e convertido em quilogramas por hectare.

i) Rendimento total de biomassa de palha (rendimento biológico - campo)

A produção de palha acima do solo das plantas amostradas foi seca em estufa a 70°C até atingir um peso constante. Os pesos correspondentes dos grãos foram adicionados para obter o rendimento total de matéria seca por hectare.

j) O índice de colheita (campo)

O índice de colheita (HI) foi calculado utilizando a relação,

$$HI = \frac{\text{Economic yield}}{\text{Biological yield}}$$

3.6.2 Amendoim (*Arachis hypogaea l*):

a) Crescimento e rendimento

b) Altura da planta e taxa de crescimento

Dez plantas de amendoim das linhas centrais por tratamento foram selecionadas aleatoriamente e marcadas para o estudo. A altura das plantas selecionadas foi medida desde o nível do solo até ao nó mais visível, com um intervalo de duas semanas. A média aritmética foi calculada para a determinação da taxa de crescimento. A taxa de crescimento (GR) entre os tempos T1 e T2 será determinada usando a relação:

$$\text{Growth rate (GR)} = \frac{\text{Height of groundnut at time T2} - \text{Height at time T1}}{\text{Height at time T1}}$$

A taxa de crescimento foi estimada em centímetros por semana.

c) Teor de clorofila (campo)

O teor de clorofila de duas folhas abaixo das folhas superiores foi medido na floração utilizando um medidor de clorofila (Modelo: Minolta SPAD, Japão). Foram utilizadas dez plantas selecionadas aleatoriamente por parcela.

d) Índice de área foliar

A área de cada folha foi medida com um medidor de área foliar (ADC- Area Meter AM 100). A área foliar foi obtida através da soma das áreas foliares das dez plantas. O índice de área foliar foi determinado utilizando a relação:

$$\text{Leaf area index (LAI)} = \frac{\text{Total leaf area of plant}}{\text{Land area}}$$

e) Dias para % de floração

As plantas de amendoim foram observadas criticamente todos os dias durante o período de iniciação floral e o número de plantas floridas foi registado em cada dia. O período de floração de cinquenta por cento foi determinado a partir dos dados.

f) Número da cápsula (campo)

Aquando da colheita, as vagens foram retiradas do lanço e o número de vagens foi contado para cada uma das plantas amostradas, tendo sido calculadas as médias para cada uma delas.

g) Altura da planta na maturidade (campo)

A altura das plantas na maturidade foi medida desde o nível do solo até à base da folha, com o auxílio de uma régua métrica.

h) Amendoim Rendimento de grãos (rendimento económico)

As vagens foram descascadas e secas ao sol até atingirem um teor de humidade aceitável. O peso dos grãos das plantas amostradas foi medido e convertido em quilogramas por hectare.

i) Rendimento total de biomassa do lanço (rendimento biológico - campo)

A produção de hastes acima do solo das plantas amostradas foi seca em estufa a 70°C até atingir um peso constante. Os pesos correspondentes dos grãos foram adicionados para obter o rendimento total de matéria seca por hectare.

j) Índice de colheita do amendoim (campo)

O índice de colheita (HI) foi calculado utilizando a relação,

$$\mathrm{HI} = \frac{\text{Economic yield}}{\text{Biological yield}}$$

k) Rácio de equivalência do terreno (campo LER)

O LER foi calculado com base no método proposto por Mead e Willey (1980), em que os rendimentos das culturas intercalares foram divididos pelos rendimentos do povoamento puro para cada cultura componente da cultura intercalar. Em seguida, os dois valores foram somados. O LER foi calculado utilizando a equação:

$$LER = \frac{\text{intercrop maize}}{\text{Pure maize}} + \frac{\text{intercrop groundnut}}{\text{pure groundnut}} \Rightarrow \mathrm{LER} = (Y\mathrm{ab}/Y\mathrm{aa}) + (Y\mathrm{ba}/Y\mathrm{bb})$$

Onde Y_{IH} e Ybb são rendimentos como culturas únicas e *Y⅛* e Yba são rendimentos como culturas intercalares.

Assim, o LER foi utilizado para determinar a vantagem de campo dos arranjos de culturas intercalares.

3.7 Análise estatística

Os dados foram submetidos individualmente à técnica de análise de variância e as médias comparadas pelo teste LSD utilizando o GENSTAT versão 11 (Genstat, 2008) e, quando foram observadas diferenças significativas, foi utilizada a diferença menos significativa (LSD (P=0,05) para separar as médias.

3.8 .0Experiência com o tacho

3.8.1 Tratamentos e esquema experimental

O estudo foi realizado na quinta da Universidade do Gana. Foram utilizados para o estudo vasos de plástico com 50 cm de comprimento, 40 cm de largura e 30 cm de profundidade, com nove orifícios perfurados na base. O meio de crescimento utilizado para o estudo foi o mesmo solo utilizado para o estudo de campo. Os tratamentos foram os mesmos que no campo. Cada vaso representou uma unidade experimental, portanto, oito (8) vasos foram usados para um bloco e replicados quatro vezes, dando um total de trinta e dois (32) vasos. Os tratamentos foram dispostos num esquema de blocos completos aleatórios com quatro (4) repetições.

3.8.2 Preparação do solo, enchimento de vasos de plástico e plantação

O solo utilizado para o estudo foi recolhido a cerca de 0-10 cm de profundidade na área de estudo de campo e peneirado (malha de 2 mm) para remover pedras e outros materiais estranhos antes de ser utilizado para encher os vasos de plástico. O peso do solo utilizado para encher cada vaso foi de 9,5 kg. O solo foi regado até à capacidade de campo e deixado a escorrer durante a noite antes de ser utilizado para a plantação. Os oito (8) tratamentos, tal como na experiência de campo, foram aplicados aos vasos de plástico, cada um com duas plantas (milho e amendoim), exceto o milho único e o amendoim único que tinham uma planta/vaso. As sementes foram semeadas a uma profundidade de cinco (5) cm. Cada tratamento foi repetido quatro vezes, pelo que foram utilizados quatro vasos por tratamento , dando um total de 32 vasos. As calhas com uma fila de plantas de amendoim entre duas filas de plantas de milho foram espaçadas a 40 cm entre o milho e as plantas de amendoim, enquanto os vasos com duas plantas de amendoim entre duas plantas de milho foram espaçados a 25 cm entre o milho e as plantas de amendoim, tal como no campo.

3.8.3 Práticas culturais

3.8.4 Aplicação de fertilizantes

O NPK 15-15-15 foi aplicado a uma taxa de 100 kg/ha duas semanas após a plantação (2 WAP). Cobertura com sulfato de amoníaco à taxa de 50 kg/ha quatro semanas após a plantação (4 WAP).

3.8.5 Controlo de ervas daninhas

Com a ajuda de uma forquilha manual, as ervas daninhas foram apanhadas à mão dentro dos vasos, quando necessário. A superfície do solo foi remexida durante a monda, para quebrar a crosta superficial e aumentar o arejamento. As ervas daninhas entre os vasos foram controladas com uma enxada.

3.8.6 Controlo de pragas

A colheita manual e os pesticidas (Plano D como no campo) foram utilizados para controlar a infestação de insectos.

3.8.8 Rega

A rega foi efectuada principalmente através da utilização do regador como complemento da chuva.

CAPÍTULO 4

RESULTADOS

4.1 Crescimento das culturas componentes na cultura intercalar milho-amendoim 4.1.2 Altura das plantas (cm) de milho e amendoim

O quadro 2 mostra a altura da planta do amendoim nas datas relativas de consociação e as diferentes populações de plantas às 2, 4, 6 e 8 semanas após a plantação (WAP). Às 2 semanas após a plantação, foram observadas diferenças significativas (P<0,05) entre os tratamentos para as plantas de amendoim (Quadro 2). O amendoim de duas fileiras intercalado duas semanas após a sementeira do milho, registou a maior altura média de planta de 65,93 cm, enquanto o amendoim único registou a cultura mais curta com uma altura de 38,70 cm às 8 semanas após a plantação. As duas fileiras de amendoim intercaladas duas semanas após a sementeira do milho e uma fileira de amendoim intercalada duas semanas após a plantação do milho foram significativamente diferentes das outras, enquanto uma fileira de amendoim intercalada ao mesmo tempo com o milho, duas fileiras de amendoim intercaladas ao mesmo tempo com o milho e duas fileiras de amendoim intercaladas uma semana após a sementeira do milho, bem como uma fileira de amendoim intercalada uma semana após a sementeira do milho e duas fileiras de amendoim intercaladas uma semana após a sementeira do milho não apresentaram diferenças significativas (P<0,05) entre si. Às 4 semanas após a plantação, uma linha de amendoim intercalado duas semanas após a sementeira do milho registou a maior altura de planta, seguida de duas linhas de amendoim intercalado duas semanas após a sementeira do milho e uma linha de amendoim intercalado uma semana após a sementeira do milho. Estes são significativamente diferentes (P<0,05) de todos os outros, sendo que os restantes tratamentos não apresentam diferenças entre si. Para a sexta semana, uma linha de amendoim intercalada duas semanas após a sementeira do milho e duas linhas de amendoim intercaladas uma semana após a sementeira do milho registaram valores elevados de 48,94 e 43,46, respetivamente, mas não são significativamente diferentes (P<0,05) entre si. Os tratamentos com uma fileira de amendoim intercalado uma semana após a semeadura do milho, duas fileiras de amendoim intercalado duas semanas após a semeadura do milho e amendoim solteiro tiveram 38,50, 36,69 e 34,46 como alturas de plantas e não são significativamente diferentes entre si, mas também diferiram de uma fileira de amendoim intercalado duas semanas após a semeadura do milho e duas fileiras de amendoim intercalado uma semana após a semeadura do milho. Duas fileiras de amendoim intercaladas ao mesmo tempo com o milho e uma fileira de amendoim intercalada ao mesmo tempo com o milho também não apresentam diferenças. O amendoim solteiro, com uma altura de planta de 38,70, é o mais baixo registado na oitava semana após a plantação e não é significativamente diferente do amendoim de uma linha intercalado ao mesmo tempo com o milho. O amendoim em duas fileiras, intercalado duas semanas após a semeadura do milho, com uma altura de 65,93, é o mais alto e estatisticamente diferente dos outros tratamentos na oitava semana. Não se registaram diferenças entre o amendoim de uma linha intercalado uma semana após a sementeira do milho, o amendoim de uma linha intercalado duas semanas após a sementeira do milho e o amendoim de duas linhas intercalado uma semana após a sementeira do milho.

Quadro 2: Altura média das plantas (cm) de amendoim em cultura intercalar de milho e amendoim

	Semanas após a plantação (WAP)			
Arranjo das culturas - época de plantação	**2**	**4**	**6**	**8**
Milho, amendoim de uma linha, milho 0 WAP	3.85	16.48	30.99	42.13
Milho, amendoim de uma linha, milho de 1 WAP	9.19	24.00	38.50	57.88
Milho, amendoim de uma linha, milho de 2 WAP	15.00	31.44	48.94	54.50
Milho, duas fileiras de amendoim, 0 Milho WAP	3.76	23.26	26.35	44.04
Milho, duas linhas de amendoim, 1 WAP milho	9.67	22.43	43.46	52.50
Milho, amendoim de duas linhas, milho de 2 WAP	23.54	27.50	36.69	65.93
Amendoim solteiro	5.17	21.46	34.26	38.70
LSD(P=0,05)	1.85	2.35	5.19	4.89

As plantas de milho mostraram um aumento da altura da planta durante o período de crescimento de 2 semanas a 8 semanas após a plantação (Tabela 3). Registaram-se diferenças significativas (P<0,05) entre os tratamentos. Às 2 semanas após a plantação, os tratamentos Milho com duas linhas de amendoim intercalado duas semanas após a sementeira de milho e milho com uma linha de amendoim intercalado duas semanas após a sementeira de milho registaram os valores mais elevados de 21,80 e 20,08, respetivamente, que foram significativamente diferentes dos outros tratamentos, mas não foram diferentes entre si. O milho com uma fileira de amendoim intercalado uma semana após a semeadura do milho, o milho com duas fileiras de amendoim intercalado uma semana após a semeadura do milho e o milho com duas fileiras de amendoim intercalado ao mesmo tempo com o milho registaram 15,20, 15,20 e 15,68 como altura da planta. Também não são significativamente diferentes (P<0,05) entre si, mas são diferentes do milho único com um valor de 18,23. (Quadro 3)

Quatro semanas após a plantação, os tratamentos, milho com uma linha de amendoim intercalado ao mesmo tempo que o milho, milho com uma linha de amendoim intercalado uma semana após a sementeira do milho, milho com duas linhas de amendoim intercalado ao mesmo tempo que o milho e milho com duas linhas de amendoim intercalado uma semana após a sementeira do milho não apresentam diferenças significativas entre si, mas são diferentes dos outros (Quadro 3). O milho com uma linha de amendoim intercalado duas semanas após a sementeira do milho e o milho solteiro também não diferem entre si. O milho com duas linhas de amendoim intercalado duas semanas após a sementeira do milho é significativamente diferente (P<0,05) de todos os outros tratamentos. Na sexta semana, o milho solteiro teve a maior altura de planta (148,90cm). Não é significativamente diferente do milho com uma linha de amendoim intercalado uma semana após a sementeira do milho e do milho com duas linhas de amendoim intercalado duas semanas após a sementeira do milho. O milho com uma fileira de amendoim intercalado ao mesmo tempo com o milho, o milho com uma fileira de amendoim intercalado uma semana após a semeadura do milho e o milho com duas fileiras de amendoim intercalado ao mesmo tempo com o milho são insignificantemente diferentes (P<0,05), mas são significativamente diferentes (P<0,05) do milho com duas fileiras de amendoim intercalado uma semana após a semeadura do milho. Na semana 8, o milho solteiro, o milho solteiro registou a maior altura de planta de 183,10cm. É significativamente diferente (P<0,05) de todos os outros tratamentos. Os tratamentos de milho com uma linha de amendoim intercalado ao mesmo tempo que o milho, milho com uma linha de amendoim intercalado uma semana após a sementeira do milho e milho com duas linhas de amendoim intercalado ao mesmo tempo que o milho não são estatisticamente diferentes, assim como o tratamento de milho com uma linha de amendoim intercalado duas semanas após a sementeira do milho e milho com duas linhas de amendoim intercalado uma semana após a sementeira do milho. O milho com duas fileiras de amendoim intercalado duas semanas após a sementeira do milho é diferente de todos os outros (Quadro 3).

Quadro 3: Altura média das plantas (cm) de milho em cultura intercalar de milho e amendoim.

Arranjo das culturas - época de plantação	**Semanas após a plantação (WAP)**			
	2	**4**	**6**	**8**
Milho, amendoim de uma linha, milho 0 WAP	13.95	37.75	90.90	153.45
Milho, uma fileira de amendoim, 1 WAP de milho	15.20	37.15	86.80	154.00
Milho, amendoim de uma linha, milho de 2 WAP	20.08	55.05	148.50	176.20
Milho, amendoim em duas fileiras, milho 0 WAP	15.68	35.55	84.40	155.25
Milho, duas linhas de amendoim, 1 WAP milho	15.20	37.35	116.60	174.70
Milho, amendoim de duas linhas, milho de 2 WAP	21.80	77.50	145.90	165.95
Milho solteiro	18.23	56.20	148.90	183.10
LSD(P=0,05)	2.28	3.94	22.12	6.75

4.1.3 Taxa de crescimento do amendoim e do milho

Existem diferenças significativas (P<0,05) entre os tratamentos para a taxa de crescimento do amendoim e do milho. Com exceção do tratamento de uma linha de amendoim intercalado uma semana após a sementeira do milho e duas linhas de amendoim intercalado ao mesmo tempo com o milho, duas linhas de amendoim intercalado ao mesmo tempo com o milho e duas linhas de amendoim intercalado uma semana após a sementeira do milho, duas linhas de amendoim intercalado uma semana após a sementeira do milho e duas linhas de amendoim intercalado duas semanas após a sementeira do milho, que não mostram diferenças significativas entre si, todos os outros são significativamente diferentes (P<0.05) entre si para o amendoim entre duas a quatro semanas de crescimento (Tabela 4). Também registou o valor mais elevado de 30,44 e o valor mais baixo de 15,48. Para as quatro a seis semanas de crescimento, existem diferenças significativas entre os tratamentos. No entanto, os tratamentos com uma fileira de amendoim intercalado ao mesmo tempo com milho e duas fileiras de amendoim intercalado ao mesmo tempo com milho, duas fileiras de amendoim intercalado duas semanas após a semeadura de milho e amendoim solteiro, não mostram significância (P<0,05) entre eles. O valor mais elevado é de 47,94 para o tratamento com uma linha de amendoim intercalado duas semanas após a sementeira do milho e o tratamento com o valor mais baixo de 25,35 é o tratamento com uma linha de amendoim intercalado ao mesmo tempo com o milho. Entre a sexta e a oitava semana de crescimento também se registaram diferenças significativas (P<0,05). Os tratamentos com uma fileira de amendoim intercalado ao mesmo tempo com milho e duas fileiras de amendoim intercalado ao mesmo tempo com milho, uma fileira de amendoim intercalado ao mesmo tempo com milho e amendoim solteiro, uma fileira de amendoim intercalado uma semana após a semeadura de milho e uma fileira de amendoim intercalado duas semanas após a semeadura de milho, uma fileira de amendoim intercalado duas semanas após a semeadura de milho e duas fileiras de amendoim intercalado uma semana após a semeadura de milho, não são significativamente diferentes entre si (Tabela 4). O amendoim de duas fileiras intercalado duas semanas após a sementeira do milho registou a altura mais elevada de 64,93, tendo o amendoim único registado a altura mais baixa de 37,70.

Quadro 4: Taxa de crescimento do amendoim em cultura intercalar de milho e amendoim

Arranjo das culturas - época de plantação	Taxa de crescimento (cm por semana)		
	2	4 4	6 6-8 semanas

	semanas	semanas	
Milho, amendoim de uma linha, milho 0 WAP	15.48	29.99	41.13
Milho, amendoim de uma linha, milho de 1 WAP	23.00	37.50	56.88
Milho, amendoim de uma linha, milho de 2 WAP	30.44	47.94	53.50
Milho, amendoim em duas fileiras, milho 0 WAP	22.26	25.35	43.05
Milho, duas linhas de amendoim, 1 WAP milho	21.43	42.46	51.50
Milho, amendoim de duas linhas, milho de 2 WAP	26.50	35.69	64.93
Amendoim solteiro	20.46	33.26	37.70
LSD(P=0,05)	2.35	5.19	4.89

As plantas de milho produziram valores significativos para todas as fases da taxa de crescimento (Quadro 5). As duas a quatro semanas de crescimento tiveram o tratamento de milho com duas fileiras de amendoim intercalado duas semanas após a sementeira de milho com o valor mais alto de 76,50 e o milho com duas fileiras de amendoim intercalado ao mesmo tempo com milho com o valor mais baixo de 34,55. O milho com duas fileiras de amendoim intercalado duas semanas após a sementeira do milho é significativamente diferente (P<0,05) de todos os outros tratamentos (Quadro 5). A taxa de crescimento durante seis a oito semanas também produziu diferenças significativas. No entanto, os tratamentos milho com uma linha de amendoim intercalado duas semanas após a sementeira do milho, milho com duas linhas de amendoim intercalado duas semanas após a sementeira do milho e milho único não são significativamente diferentes, assim como o milho com uma linha de amendoim intercalado ao mesmo tempo que o milho, o milho com uma linha de amendoim intercalado uma semana após a sementeira do milho e o milho com duas linhas de amendoim intercalado ao mesmo tempo que o milho . Para seis a oito semanas de cultivo, o milho com uma linha de amendoim intercalado ao mesmo tempo que o milho, o milho com uma linha de amendoim intercalado uma semana após a sementeira do milho e o milho com duas linhas de amendoim intercalado ao mesmo tempo que o milho são estatisticamente iguais, bem como o milho com uma linha de amendoim intercalado duas semanas após a sementeira do milho e o milho com duas linhas de amendoim intercalado uma semana após a sementeira do milho. No entanto, o milho solteiro registou o valor mais elevado (182,10), enquanto o milho com uma linha de amendoim intercalado ao mesmo tempo que o milho registou o valor mais baixo de 152,45 (Quadro 5). Os valores da taxa de crescimento de seis a oito também mostram diferenças significativas.

Quadro 5: Taxa de crescimento do milho em cultura intercalar de milho e amendoim

	Taxa de crescimento (cm por semana)		
Arranjo das culturas - época de plantação	2 semanas	4 4 semanas	6 6-8 semanas
Milho, amendoim de uma linha, milho 0 WAP	36.75	89.90	152.45
Milho, amendoim de uma linha, milho de 1 WAP	36.15	85.80	153.00
Milho, amendoim de uma linha, milho de 2 WAP	54.05	147.50	175.20
Milho, amendoim em duas fileiras, milho 0 WAP	34.55	83.40	154.25
Milho, duas linhas de amendoim, 1 WAP milho	36.35	115.60	173.70
Milho, amendoim de duas linhas, milho de 2 WAP	76.50	144.90	164.95
Milho solteiro	55.20	147.90	182.10
LSD(P=0,05)	3.94	22.12	6.75

4.1.4 Índice de área foliar do amendoim e do milho

O quadro 6 mostra o índice de área foliar (IAF) do amendoim nas várias fases de crescimento. Para o amendoim, embora o IAF tenha aumentado consistentemente em todas as fases de crescimento em todos os tratamentos, não houve diferenças significativas (P<0,05) entre o IAF em cada fase de crescimento, com exceção da semana 2 (Quadro 6). Entre os tratamentos, duas fileiras de amendoim consorciado duas semanas após a semeadura do milho foi significativamente diferente de todos os outros tratamentos. Uma fileira de amendoim intercalado duas semanas após a semeadura do milho e o amendoim solteiro tiveram um desempenho semelhante, assim como uma fileira de amendoim intercalado ao mesmo tempo com o milho, uma fileira de amendoim intercalado uma semana após a semeadura do milho, duas fileiras de amendoim intercalado ao mesmo tempo com o milho e duas fileiras de amendoim intercalado uma semana após a semeadura do milho também tiveram o mesmo desempenho (Quadro 6).

Tabela 6: Índice de área foliar do amendoim na cultura intercalar milho-amendoim

	Semanas após a plantação (WAP)			
Arranjo das culturas - época de plantação	**2**	**4**	**6**	**8**
Milho, amendoim de uma linha, milho 0 WAP	0.29	0.93	2.78	4.50
Milho, amendoim de uma linha, milho de 1 WAP	0.26	0.84	2.61	5.20
Milho, amendoim de uma linha, milho de 2 WAP	0.48	1.40	2.14	3.00
Milho, amendoim em duas fileiras, milho 0 WAP	0.27	0.69	1.95	4.70
Milho, duas linhas de amendoim, 1 WAP milho	0.21	0.86	1.89	4.00
Milho, amendoim de duas linhas, milho de 2 WAP	0.68	3.05	9.61	13.70
Amendoim solteiro	0.51	1.11	3.70	4.80
LSD(P=0,05)	0.17	NS	NS	NS

O LAI do milho aumentou consistentemente ao longo das fases de crescimento para todos os tratamentos. Existem diferenças significativas ($P<0,05$) entre os tratamentos em todas as fases de crescimento (Quadro 7). Durante 2 semanas após a plantação, o milho com uma fileira de amendoim intercalado ao mesmo tempo que o milho, o milho com uma fileira de amendoim intercalado uma semana após a sementeira do milho, o milho com uma fileira de amendoim intercalado duas semanas após a sementeira do milho e o milho solteiro não diferiram entre si. O milho com duas fileiras de amendoim plantado ao mesmo tempo que o milho, o milho com duas fileiras de amendoim consorciado uma semana após a sementeira do milho e o milho com duas fileiras de amendoim consorciado duas semanas após a sementeira do milho também não são significativamente diferentes. No entanto, o milho com duas fileiras de amendoim intercalado uma semana após a sementeira do milho e o milho com duas fileiras de amendoim intercalado duas semanas após a sementeira do milho são diferentes do milho com uma fileira de amendoim intercalado ao mesmo tempo que o milho, do milho com uma fileira de amendoim intercalado uma semana após a sementeira do milho e do milho com uma fileira de amendoim intercalado duas semanas após a sementeira do milho. Às quatro semanas, o milho com uma linha de amendoim intercalado ao mesmo tempo que o milho, o milho com uma linha de amendoim intercalado uma semana após a sementeira do milho, o milho com uma linha de amendoim plantado duas semanas após a sementeira do milho e o milho com duas linhas de amendoim plantado uma semana após a sementeira do milho apresentam diferenças entre si. O milho com duas fileiras de amendoim plantado duas semanas após a semeadura do milho e o milho solteiro também não diferem entre si, mas são significativamente diferentes ($P<0,05$) do milho com duas fileiras de amendoim consorciado ao mesmo tempo com o milho, do milho com uma fileira de amendoim consorciado uma semana após o plantio do milho e do milho com uma fileira de amendoim consorciado ao mesmo tempo com o milho. Seis semanas após a plantação revelam que o tratamento do milho com duas linhas de amendoim intercalado ao mesmo tempo com o milho e o milho solteiro são semelhantes, mas são significativamente diferentes ($P<0,05$). O milho com uma fileira de amendoim intercalado ao mesmo tempo com o milho, o milho com uma fileira de amendoim intercalado uma semana após a sementeira do milho, o milho com uma fileira de amendoim intercalado duas semanas após a sementeira do milho, o milho com duas fileiras de amendoim intercalado uma semana após a sementeira do milho e o milho com duas fileiras de amendoim intercalado duas semanas após a sementeira do milho. No entanto, os últimos tratamentos não são significativamente diferentes. Para a semana 8, os tratamentos de milho com uma linha de amendoim intercalado ao mesmo tempo que o milho, milho com uma linha de amendoim intercalado uma semana após a sementeira do milho, milho com uma linha de amendoim intercalado duas semanas após a sementeira do milho, milho com duas linhas de amendoim intercalado ao mesmo tempo que o milho, milho com duas linhas de amendoim intercalado uma semana após a sementeira do milho e milho com duas linhas de amendoim intercalado duas semanas após a sementeira do milho têm valores semelhantes no que respeita ao IAF. O milho com duas fileiras de amendoim consorciado uma semana após a sementeira do milho, o milho com duas fileiras de amendoim consorciado duas semanas após a sementeira do milho e o milho solteiro também não foram significativamente diferentes entre si. No entanto, foram diferentes dos tratamentos anteriores (Quadro 7).

Quadro 7: Índice de área foliar do milho em cultura intercalar de milho e amendoim

Arranjo das culturas - época de plantação	Semanas após a plantação (WAP)			
	2	4	6	8
Milho, amendoim de uma linha, milho 0 WAP	0.17	0.54	0.82	1.20
Milho, amendoim de uma linha, milho de 1 WAP	0.17	0.33	0.47	2.32
Milho, amendoim de uma linha, milho de 2 WAP	0.25	0.60	1.32	1.27
Milho, amendoim em duas fileiras, milho 0 WAP	0.33	0.92	2.38	2.11
Milho, duas linhas de amendoim, 1 WAP milho	0.39	0.67	1.75	2.60
Milho, amendoim de duas linhas, milho de 2 WAP	0.39	1.22	1.60	2.67
Milho solteiro	0.20	1.40	3.07	3.84
LSD(P=0,05)	0.13	0.55	1.33	1.64

4.1.5 Teor médio de clorofila das folhas de amendoim e de milho

Os resultados mostraram que não houve diferenças significativas (P<0,05) entre todos os tratamentos, tanto para o amendoim como para o milho, nas fases de crescimento de duas e quatro semanas após a plantação (Quadro 8). No entanto, os valores revelaram que os de quatro semanas são ligeiramente superiores aos de duas semanas. Registaram-se diferenças entre os valores de cada tratamento para cada semana em ambas as culturas.

Quadro 8: Influência da cultura intercalar no teor de clorofila foliar na cultura intercalar de milho e amendoim

Arranjo das culturas - época de plantação	Amendoim 2WAP	4WAP	Milho 2WAP	4WAP
Milho, amendoim de uma linha, milho 0 WAP	38.15	38.75	31.02	38.15
Milho, amendoim de uma linha, milho de 1 WAP	34.90	37.17	30.59	34.90
Milho, amendoim de uma linha, milho de 2 WAP	36.08	37.61	32.63	36.08
Milho, amendoim em duas fileiras, milho 0 WAP	37.01	39.19	29.40	37.01
Milho, duas linhas de amendoim, 1 WAP milho	33.84	37.89	33.35	33.84
Milho, amendoim em duas fileiras, milho em 2 WAP Sola	34.54	38.59	31.42	34.54
amendoim / milho solteiro	36.04	36.97	30.98	36.04
LSD (P=0,05)	NS	NS	NS	NS

4.1.6 Rendimento de matéria seca do amendoim e do milho

O quadro 9 mostra a produção de matéria seca do amendoim nas datas de plantação relativas e em diferentes populações de plantas. Os resultados do quadro 9 mostram que existem diferenças significativas (P<0,05) entre os tratamentos em todas as fases de crescimento. Às 2 semanas, os tratamentos uma linha de amendoim intercalado ao mesmo tempo com milho, uma linha de amendoim intercalado duas semanas após a sementeira de milho, duas linhas de amendoim intercalado ao mesmo tempo com milho e milho, duas linhas de amendoim intercalado duas semanas após a sementeira de milho não mostram diferenças entre eles, mas são diferentes dos outros tratamentos. Os tratamentos uma linha de amendoim intercalado uma semana após a sementeira do milho e do amendoim, e uma linha de amendoim intercalado uma semana após a sementeira do milho e duas linhas de amendoim intercalado uma semana após a sementeira do milho são significativamente diferentes entre si (Quadro 9). O amendoim de duas fileiras intercalado uma semana após a sementeira do milho registou a matéria seca mais elevada de 4,54, seguido do amendoim de uma fileira intercalado uma semana após a sementeira do milho com 4,21 e outros, como se mostra no quadro 3a. Quatro semanas de crescimento revelam que, o amendoim solteiro com matéria seca de rebentos de 11,67 é o valor mais elevado e significativamente diferente (P<0,05) de todos os outros tratamentos. Uma linha de amendoim intercalada ao mesmo tempo com milho, uma linha de amendoim intercalada uma semana após a semeadura de milho, milho, uma linha de amendoim intercalada duas semanas após a semeadura de milho e duas linhas de amendoim intercaladas ao mesmo tempo com milho não são diferentes umas das outras. Seis semanas após a sementeira, uma linha de amendoim intercalada uma semana após a sementeira do milho, duas linhas de amendoim intercaladas uma semana após a sementeira do milho e duas linhas de amendoim intercaladas duas semanas após a sementeira do milho têm valores estatisticamente iguais, uma vez que as diferenças entre elas são devidas ao acaso. Os valores de uma fileira de amendoim intercalado ao mesmo tempo com milho e amendoim solteiro também são basicamente os mesmos, sendo que uma fileira de amendoim intercalado uma semana após a sementeira do milho, uma fileira de amendoim intercalado duas semanas após a sementeira do milho e duas fileiras de amendoim intercalado ao mesmo tempo com milho não apresentam diferenças. Também foram diferentes dos outros tratamentos. Para a oitava semana após a sementeira, os tratamentos com uma linha de amendoim intercalado ao mesmo tempo com milho e duas linhas de amendoim intercalado ao mesmo tempo com milho não são significativamente diferentes. Todos os outros tratamentos foram significativamente diferentes ($P<0,05$) uns dos outros (Quadro 9).

Quadro 9: Peso seco dos rebentos (kg/ha) de amendoim em cultura intercalar de milho e amendoim.

Arranjo das culturas - época de plantação	Semanas após a plantação (WAP) 2	4	6	8
Milho, amendoim de uma linha, milho 0 WAP	3.36	9.35	24.1	25.93
Milho, amendoim de uma linha, milho de 1 WAP	4.21	7.30	11.2	13.78
Milho, amendoim de uma linha, milho de 2 WAP	3.11	8.30	19.6	21.35
Milho, amendoim em duas fileiras, milho 0 WAP	2.98	9.92	17.1	23.94
Milho, duas linhas de amendoim, 1 WAP milho	4.54	7.07	13.5	17.46
Milho, amendoim de duas linhas, milho de 2 WAP	2.46	4.82	7.70	11.04

Amendoim solteiro	3.38	11.67	29.4	32.20
LSD(P=0,05)	0.92	2.77	9.25	2.01

Para as plantas de milho, os resultados mostraram que, não houve diferenças significativas (P<0,05) na acumulação de matéria seca das plantas de milho às 2, 4 e 8 semanas após a plantação (WAP), no entanto, às 6 semanas após a plantação, houve diferenças significativas (P<0,05) entre os tratamentos (Tabela 10). Foram observadas diferenças entre o milho com duas linhas de amendoim intercalado duas semanas após a sementeira do milho e todos os outros tratamentos. O milho com uma fileira de amendoim intercalado duas semanas após a sementeira do milho e o milho solteiro também são diferentes do milho com duas fileiras de amendoim intercalado ao mesmo tempo que o milho. O milho com duas fileiras de amendoim intercalado duas semanas após a sementeira do milho teve o valor mais elevado de 62,50, enquanto o milho com duas fileiras de amendoim intercalado na mesma altura da sementeira do milho teve o valor mais baixo de 27,90.

Quadro 10: Peso seco dos rebentos (kg/ha) de milho em cultura intercalar de milho e amendoim

	Semanas após a plantação (WAP)			
Arranjo das culturas - época de plantação	**2**	**4**	**6**	**8**
Milho, amendoim de uma linha, milho 0 WAP	2.44	20.90	32.70	47.60
Milho, amendoim de uma linha, milho de 1 WAP	3.00	10.50	31.20	56.00
Milho, amendoim de uma linha, milho de 2 WAP	5.01	40.50	51.00	76.50
Milho, amendoim em duas fileiras, milho 0 WAP	3.93	11.00	27.90	38.60
Milho, duas linhas de amendoim, 1 WAP milho	2.23	20.70	38.40	66.20
Milho, amendoim de duas linhas, milho de 2 WAP	5.14	25.60	62.50	103.1
Milho solteiro	3.70	23.50	52.10	70.90
LSD(P=0,05)	NS	NS	22.72	NS

4.1.7 Número de dias para a floração no amendoim e para o afilhamento no milho

O número de dias para a floração do amendoim é apresentado no quadro 11. Na tabela

11, uma fileira de amendoim intercalado ao mesmo tempo com milho, duas fileiras de amendoim intercalado ao mesmo tempo com milho, duas fileiras de amendoim intercalado duas semanas após a semeadura do milho e amendoim solteiro não mostraram diferença significativa (P<0,05) nos dias para a floração do amendoim. Duas fileiras de amendoim consorciado uma semana após a semeadura do milho, uma fileira de amendoim consorciado duas semanas após a semeadura do milho e uma fileira de amendoim consorciado uma semana após a semeadura do milho também não apresentaram diferença significativa entre si. Duas fileiras de amendoim consorciado ao mesmo tempo com milho e amendoim solteiro registaram os primeiros dias de floração de 24,0. Os dias de floração mais tardios ou mais longos foram registados por uma linha de amendoim intercalada duas semanas após a sementeira do milho, com um valor de 32 (Quadro 11). O amendoim floresce mais cedo do que as plantas de milho em todos os tratamentos. Os dias para o despontar das plantas de milho não registaram diferenças significativas entre os tratamentos (Quadro 12).

Quadro 11: Número de dias até 50% de floração, altura na maturidade, rendimento de grãos e índice de colheita do amendoim na cultura intercalar milho-amendoim

Arranjo das culturas - época de plantação	Dias para 50% floração	Altura na maturidade (cm)	Rendimento de grãos (kg/ha)	Colheita índice
Milho, amendoim de uma linha, milho 0 WAP	26.00	44.33	1374.00	31.05
Milho, amendoim de uma linha, milho de 1 WAP	29.00	60.08	976.00	16.46
Milho, amendoim de uma linha, milho de 2 WAP	32.00	56.70	865.00	15.25
Milho, amendoim em duas fileiras, milho 0 WAP	24.00	46.25	3834.00	83.00
Milho, duas linhas de amendoim, 1 WAP milho	30.00	54.70	1967.00	35.97
Milho, amendoim de duas linhas, milho de 2 WAP	26.00	68.13	1659.00	24.38
Amendoim solteiro	24.00	40.90	1438.00	35.20
LSD (P=0,05)	3.12	4.89	120.40	3.74

4.1.8 Altura da planta na maturidade para o amendoim e o milho

Os quadros 11 e 12 mostram a altura da planta para o amendoim e o milho na maturidade. Os resultados do amendoim (Quadro 11) mostram que a consorciação do amendoim com o milho aumentou a altura do amendoim em todos os tratamentos, em comparação com o amendoim isolado. Não houve diferenças significativas ($P<0,05$) entre os tratamentos de uma linha de amendoim intercalado ao mesmo tempo com milho e amendoim único, uma linha de amendoim intercalado uma semana após a sementeira de milho e uma linha de amendoim intercalado duas semanas após a sementeira de milho, uma linha de amendoim intercalado duas semanas após a sementeira de milho e duas linhas de amendoim intercalado uma semana após a sementeira de milho, bem como uma linha de amendoim intercalado ao mesmo tempo com milho e duas linhas de amendoim intercalado ao mesmo tempo com milho. No entanto, existiam diferenças entre o amendoim simples e o amendoim de uma linha intercalado duas semanas após a sementeira do milho, e também entre o amendoim de duas linhas intercalado ao mesmo tempo com o milho e o amendoim de duas linhas intercalado uma semana após a sementeira do milho, bem como o amendoim de uma linha intercalado uma semana após a sementeira do milho e o amendoim de duas linhas intercalado ao mesmo tempo com o milho (Quadro 11).

A altura das plantas de milho na maturidade, consorciadas com amendoim, foi observada como tendo alturas mais baixas em comparação com as culturas de milho solteiro (Tabela 12). O milho solteiro foi significativamente diferente ($P<0,05$) de todos os outros tratamentos com uma altura registada de 185,30. O tratamento do milho com duas linhas de amendoim intercalado duas semanas após a sementeira do milho também é significativamente diferente de todos os outros tratamentos. O milho com uma fileira de amendoim intercalado ao mesmo tempo com o milho, o milho com uma fileira de amendoim intercalado uma semana após a sementeira do milho e o milho com duas fileiras de amendoim intercalado ao mesmo tempo com o milho não diferiram entre si, assim como o milho com uma fileira de amendoim intercalado duas semanas após a sementeira do milho e o milho com duas fileiras de amendoim intercalado uma semana após a sementeira do milho, como se pode ver no quadro 12.

Quadro 12: Número de dias para 50% de desponta, altura na maturidade, rendimento de grãos e índice de colheita de milho em cultura intercalar de milho e amendoim.

Arranjo das culturas - época de plantação	Dias para 50% de borlas	Altura na maturidade (cm)	Rendimento de grãos (kg/ha)	Colheita índice
Milho, amendoim de uma linha, milho 0 WAP	52.00	155.65	1553.00	9.98
Milho, amendoim de uma linha, milho de 1 WAP	56.00	156.20	1253.00	8.02
Milho, amendoim de uma linha, milho de 2 WAP	53.00	178.40	2921.00	16.40
Milho, amendoim em duas fileiras, milho 0 WAP	52.00	157.45	2108.00	13.38
Milho, duas linhas de amendoim, 1 WAP milho	54.00	176.90	1878.00	10.62
Milho, amendoim de duas linhas, milho de 2 WAP	53.00	168.15	3636.00	21.61
Milho solteiro	54.00	185.30	2966.00	15.99
LSD (P=0,05)	NS	6.75	255.80	1.23

4.2 Rendimento e componentes do rendimento das culturas componentes na cultura intercalar milho-amendoim

4.2.1 Rendimento em grão do amendoim e do milho

O rendimento de grãos por hectare para o amendoim e o milho mostrou diferenças significativas entre todos os tratamentos. A cultura do amendoim registou um baixo rendimento de grãos de 865,0 kg/ha para uma linha de amendoim intercalada duas semanas após a sementeira do milho e o mais alto de 3834,0 kg/ha para duas linhas de amendoim intercaladas ao mesmo tempo com o milho (Quadro 11). No entanto, houve diferenças significativas ($P<0,05$) entre todos os tratamentos, com exceção do tratamento de uma linha de amendoim intercalado uma semana após a sementeira do milho e uma linha de amendoim intercalado duas semanas após a sementeira do milho, uma linha de amendoim intercalado ao mesmo tempo com o milho e amendoim simples, que não mostrou diferenças significativas entre eles.

Para o milho, o rendimento de grãos com duas linhas de amendoim intercalado duas semanas após a sementeira do milho registou o valor mais elevado de 3636,0 kg/ha e o milho com uma linha de amendoim intercalado uma semana após a sementeira do milho registou 1253,0 kg/ha. Existem diferenças significativas (P<0,05) entre todos os tratamentos para o rendimento de grãos de milho (Quadro 12).

4.2.2 Índice de colheita (hi) do amendoim e do milho

O índice de colheita apresenta uma tendência semelhante à do rendimento por hectare (quadros 11 e 12). O índice de colheita do amendoim teve 15,25 como o mais baixo para o amendoim de uma linha intercalado duas semanas após a sementeira do milho e 83,00 como o mais alto para o amendoim de duas linhas intercalado ao mesmo tempo com o milho (Quadro 11). Este último tratamento foi significativamente diferente (P<0,05) de todos os outros tratamentos. As duas fileiras de amendoim consorciado uma semana após a semeadura do milho e o amendoim solteiro, bem como uma fileira de amendoim consorciado uma semana após a semeadura do milho e uma fileira de amendoim consorciado duas semanas após a semeadura do milho não foram significativamente diferentes (P<0,05) entre si (Tabela 11).

O índice de colheita para o milho teve 21,61 como o mais alto e foi para o milho com duas fileiras de amendoim intercalado duas semanas após a semeadura do milho, e o mais baixo é 8,02 que é para o milho com uma fileira de amendoim intercalado uma semana após a semeadura do milho (Tabela 12). Os tratamentos milho com uma fileira de amendoim intercalado ao mesmo tempo com milho e milho com uma fileira de amendoim intercalado uma semana após a sementeira do milho, bem como milho com uma fileira de amendoim intercalado ao mesmo tempo com milho e milho com duas fileiras de amendoim intercalado uma semana após a sementeira do milho não são significativamente diferentes (P<0,05) entre si. Tratamentos como o milho com uma fileira de amendoim intercalado duas

semanas após a semeadura do milho, milho com duas fileiras de amendoim consorciado ao mesmo tempo com o milho, milho com duas fileiras de amendoim consorciado uma semana após a semeadura do milho, milho com duas fileiras de amendoim consorciado duas semanas após a semeadura do milho e milho solteiro são significativamente diferentes (<0,05) entre si. O índice de colheita mais elevado para o amendoim é quatro vezes maior do que o da cultura do milho (quadros 11 e 12).

4.2.3 Rácios de equivalência da terra da cultura intercalar de milho e amendoim

Os valores do rácio de equivalência da terra das culturas intercalares foram superiores a 1,0 (Tabela '13). O milho com duas fileiras de amendoim intercalado ao mesmo tempo que o milho registou o valor mais elevado de 3,39, seguido do milho com duas fileiras de amendoim intercalado duas semanas após a sementeira do milho, com o tratamento do milho com uma fileira de amendoim intercalado uma semana após a sementeira do milho a registar o valor mais baixo de 1,10. Os outros tratamentos registaram valores como 1,39, 1,48, 2,00 e 2,38, como se pode ver no quadro 13.

Quadro 13: Rácios de equivalência de terras da cultura intercalar milho-amendoim

Tratamento	Rácios de equivalência de terras
Milho, amendoim de uma linha, milho 0 WAP	1.48
Milho, amendoim de uma linha, milho de 1 WAP	1.10
Milho, amendoim de uma linha, milho de 2 WAP	1.39
Milho, amendoim em duas fileiras, milho 0 WAP	3.39
Milho, duas linhas de amendoim, 1 WAP milho	2.00
Milho, amendoim de duas linhas, milho de 2 WAP	2.38

4.3.1 Crescimento das culturas componentes em culturas intercalares de milho e amendoim (experiência em vaso)

4.3.2 Altura da planta do amendoim (experiência em vaso)

A Tabela 14 mostra a altura da planta para o amendoim nas várias fases de amostragem de crescimento para a experiência em vaso. A altura da planta do amendoim às duas (2) semanas, quatro (4) semanas e seis (6) semanas após a plantação mostrou diferenças significativas (P=0,05) entre os tratamentos. Duas semanas após o plantio, o tratamento com uma fileira de amendoim intercalado uma semana após a semeadura do milho, uma fileira de amendoim intercalado duas semanas após a semeadura do milho, duas fileiras de amendoim intercalado ao mesmo tempo com o milho, duas fileiras de amendoim intercalado uma semana após a semeadura do milho e duas fileiras de amendoim intercalado duas semanas após a semeadura do milho não são significativamente diferentes entre si, assim como o amendoim solteiro e uma fileira de amendoim intercalado ao mesmo tempo com o milho. O amendoim de uma linha intercalado ao mesmo tempo com o milho, o amendoim de uma linha intercalado duas semanas após a sementeira do milho e o amendoim de duas linhas intercalado duas semanas após a sementeira do milho também não apresentaram diferenças significativas. O amendoim solteiro foi significativamente diferente (P<0,05) de todos os outros tratamentos com uma fileira de amendoim intercalado duas semanas após a semeadura do milho, também diferente de uma fileira de amendoim intercalado uma semana após a semeadura do milho, duas fileiras de amendoim intercalado ao mesmo tempo com o milho e duas fileiras de amendoim intercalado uma semana após a semeadura do milho, respetivamente. O amendoim solteiro registou a altura de planta mais elevada e o amendoim de uma linha intercalado uma semana após a sementeira do milho e o amendoim de duas linhas intercalado uma semana após a sementeira do milho registaram a altura mais baixa de 2,0.

A altura da planta para o amendoim quatro semanas após a plantação também mostrou diferenças significativas entre os tratamentos. Uma fileira de amendoim consorciado duas semanas após a semeadura do milho e duas fileiras de amendoim consorciado ao mesmo tempo com o milho e duas fileiras de amendoim consorciado duas semanas após a semeadura do milho não mostraram diferenças significativas entre si, assim como duas fileiras de amendoim consorciado uma semana após a semeadura do milho e amendoim solteiro, e amendoim solteiro e uma fileira de amendoim consorciado ao mesmo tempo com o milho. Duas fileiras de amendoim intercaladas uma semana após a sementeira do milho

que registou a maior altura de planta é significativamente diferente (P<0,05) de uma linha de amendoim intercalada uma semana após a sementeira do milho, uma linha de amendoim intercalada duas semanas após a sementeira do milho, duas linhas de amendoim intercaladas ao mesmo tempo com milho e duas linhas de amendoim intercaladas duas semanas após a sementeira do milho. A altura da planta seis semanas após a plantação produziu diferenças significativas entre os tratamentos. Duas fileiras de amendoim consorciado duas semanas após a sementeira do milho e uma fileira de amendoim consorciado duas semanas após a sementeira do milho não apresentaram diferenças significativas entre si, assim como duas fileiras de amendoim consorciado uma semana após a sementeira do milho e apenas amendoim. O mesmo se passa com o amendoim de duas linhas intercalado ao mesmo tempo com o milho, o amendoim de uma linha intercalado uma semana após a sementeira do milho e o amendoim de uma linha intercalado ao mesmo tempo com o milho. Duas fileiras de amendoim consorciado uma semana após a semeadura do milho registaram a maior altura de planta de 26,3, que foi significativamente diferente (P<0,05) da altura de uma fileira de amendoim consorciado ao mesmo tempo com o milho, uma fileira de amendoim consorciado uma semana após a semeadura do milho, uma fileira de amendoim consorciado duas semanas após a semeadura do milho, duas fileiras de amendoim consorciado ao mesmo tempo com o milho e duas fileiras de amendoim consorciado duas semanas após a semeadura do milho. A altura mais baixa registada foi de 13,7 para o tratamento com duas linhas de amendoim intercaladas duas semanas após a sementeira do milho.

Quadro 14: Altura da planta (cm) do amendoim nas várias fases de crescimento da amostragem, influenciada pela cultura intercalar e por diferentes populações de plantas.

	Semanas após a plantação (WAP)		
Tratamento	**2**	**4**	**6**
Milho, amendoim de uma linha, milho 0 WAP	3.3	17.3	21.0

Milho, amendoim de uma linha, milho de 1 WAP	2.0	14.8	19.4
Milho, amendoim de uma linha, milho de 2 WAP	2.6	10.3	14.6
Milho, amendoim em duas fileiras, milho 0 WAP	2.1	11.3	18.1
Milho, duas linhas de amendoim, 1 WAP milho	2.0	20.5	26.3
Milho, amendoim de duas linhas, milho de 2 WAP	2.6	9.8	13.7
Amendoim solteiro	4.1	18.50	23.9
LSD(P=0,05)	0.94	2.35	3.19

4.3.3 Taxa de crescimento e dias para a floração do amendoim (experiência em vaso)

O quadro 15 mostra a taxa de crescimento e os dias até à floração do amendoim nas várias fases de amostragem do crescimento para a experiência em vaso. A taxa de crescimento às duas e quatro semanas após a plantação mostrou diferenças significativas ($P<0,05$) entre os tratamentos. Para a segunda semana (2), uma fileira de amendoim consorciado duas semanas após a semeadura do milho, duas fileiras de amendoim consorciado ao mesmo tempo com o milho e duas fileiras de amendoim consorciado duas semanas após a semeadura do milho não diferem significativamente ($P<0,05$) entre si, da mesma forma que o amendoim solteiro e uma fileira de amendoim consorciado ao mesmo tempo com o milho. O amendoim de duas fileiras intercalado uma semana após a sementeira do milho registou a taxa de crescimento mais elevada de 19,5 e foi significativamente diferente ($P<0,05$) do amendoim de uma fileira intercalado ao mesmo tempo com o milho, do amendoim de duas fileiras intercalado ao mesmo tempo com o milho e do amendoim de duas fileiras intercalado duas semanas após a sementeira do milho. Com a taxa de crescimento durante quatro semanas após a plantação, o tratamento de duas fileiras de amendoim intercalado uma semana após a sementeira do milho teve a taxa de crescimento mais elevada e foi significativamente diferente de todos os outros tratamentos, exceto o amendoim simples. Uma linha de amendoim consorciado duas semanas após a sementeira do milho e duas linhas de amendoim consorciado duas semanas após a sementeira do milho, bem como uma linha de amendoim consorciado uma semana após a sementeira do milho e uma linha de amendoim consorciado ao mesmo tempo com o milho não foram significativamente diferentes entre si. Relativamente aos dias para a floração do amendoim, duas fileiras de amendoim consorciado ao mesmo tempo com o milho e o amendoim solteiro floresceram mais cedo, com 22,0 dias cada, seguidas de uma fileira de amendoim consorciado uma semana após a sementeira do milho e fileiras de amendoim consorciado duas semanas após a sementeira do milho, com 23,0 e 24,0 dias, respetivamente, mas não houve diferenças significativas entre elas. Da mesma forma, foram significativamente diferentes (P<0,05) de uma fileira de amendoim intercalado duas semanas após a semeadura do milho e duas fileiras de amendoim intercalado uma semana após a semeadura do milho, que também não foram significativamente diferentes das outras.

Quadro 15: Dias até à floração e taxa de crescimento do amendoim nas várias fases de amostragem do crescimento, influenciados pela cultura intercalar e por diferentes populações de plantas.

Tratamento	Semanas após a plantação (WAP)		Dias para a floração
	2-4	4-6	g
Milho, amendoim de uma linha, milho 0 WAP	16.3	20.0	27.0
Milho, amendoim de uma linha, milho de 1 WAP	13.8	18.4	23.0
Milho, amendoim de uma linha, milho de 2 WAP	9.3	13.6	29.0
Milho, amendoim em duas fileiras, milho 0 WAP	10.3	17.1	22.0
Milho, duas linhas de amendoim, 1 WAP milho	19.5	25.3	28.0
Milho, amendoim de duas linhas, milho de 2 WAP	8.8	12.8	24.0

Amendoim solteiro	17.5	22.9	22.0
LSD(P=0,05)	2.35	3.19	3.19

4.3.4 Altura das plantas de milho (experiência em vaso)

As alturas das plantas de milho consorciado com amendoim apresentaram diferenças significativas entre os tratamentos na quarta semana (4). As semanas dois (2) e seis (6) não mostraram diferenças significativas entre os tratamentos. Na quarta semana, os tratamentos milho com uma fileira de amendoim intercalado duas semanas após a sementeira do milho, milho com duas fileiras de amendoim intercalado duas semanas após a sementeira do milho e milho solteiro não são significativamente diferentes entre si, assim como uma fileira de amendoim intercalado ao mesmo tempo que o milho e uma fileira de amendoim intercalado uma semana após a sementeira do milho. Também o milho com duas fileiras de amendoim intercalado ao mesmo tempo que o milho e o milho com duas fileiras de amendoim intercalado uma semana após a sementeira do milho, e o milho com uma fileira de amendoim intercalado duas semanas após a sementeira do milho e o milho com duas fileiras de amendoim intercalado ao mesmo tempo que o milho não são significativamente diferentes. O milho com duas linhas de amendoim intercalado duas semanas após a sementeira do milho foi significativamente diferente ($P<0,05$) dos tratamentos uma linha de amendoim intercalado ao mesmo tempo com o milho e uma linha de amendoim intercalado uma semana após a sementeira do milho, milho com duas linhas de amendoim intercalado ao mesmo tempo com o milho e milho com duas linhas de amendoim intercalado uma semana após a sementeira do milho (Quadro 16).

Quadro 16: Altura da planta de milho (cm) nas várias fases de crescimento da amostragem, influenciada pela cultura intercalar e por diferentes populações de plantas.

	Semanas após a plantação (WAP)		
Tratamento	**2**	**4**	**6**
Milho, amendoim de uma linha, milho 0 WAP	7.0	38.0	76.5
Milho, amendoim de uma linha, milho de 1 WAP	6.1	35.8	68.5

Milho, amendoim de uma linha, milho de 2 WAP	5.6	53.0	73.5
Milho, amendoim em duas fileiras, milho 0 WAP	5.8	46.5	73.5
Milho, duas linhas de amendoim, 1 WAP milho	6.3	48.5	74.2
Milho, amendoim de duas linhas, milho de 2 WAP	5.6	58.5	74.2
Milho solteiro	8.8	56.9	77.2
LSD(P=0,05)	NS	7.77	NS

4.3.5 Taxa de crescimento do milho (experiência em vaso)

A taxa de crescimento do milho consorciado com amendoim duas semanas após o plantio revelou significância entre os tratamentos, mas para quatro semanas após o plantio não há significância entre os tratamentos (Tabela 17). Para duas semanas após a plantação, os tratamentos milho com duas fileiras de amendoim intercalado duas semanas após a sementeira de milho e milho único são significativamente diferentes ($P<0,05$) de uma fileira de amendoim intercalado ao mesmo tempo com milho

E o amendoim de uma linha intercalado uma semana após a sementeira do milho e o milho com amendoim de duas linhas intercalado ao mesmo tempo com o milho e o milho com amendoim de duas linhas intercalado uma semana após a sementeira do milho, mas não foram significativos entre si. Os dias para o despontar também revelaram significância. O milho com duas fileiras de amendoim consorciado ao mesmo tempo com o milho e o milho solteiro registou 35 dias para o corte, o que foi mais cedo do que os restantes. Não foram significativamente diferentes do tratamento do milho com duas fileiras de amendoim consorciado duas semanas após a sementeira do milho. Os dias para o afilhamento dos tratamentos milho com duas fileiras de amendoim intercalado ao mesmo tempo que o milho, milho com duas fileiras de amendoim intercalado duas semanas após a sementeira do milho e milho solteiro são significativamente ($P<0,05$) diferentes dos tratamentos uma fileira de amendoim intercalado ao mesmo tempo que o milho, uma fileira de amendoim intercalado uma semana após a sementeira do milho, uma fileira de amendoim intercalado duas semanas após a sementeira do milho e milho com duas fileiras de amendoim intercalado uma semana após a sementeira do milho. Uma fileira de amendoim intercalado uma semana após a sementeira do milho também foi significativamente diferente de uma fileira de amendoim intercalado ao mesmo tempo com o milho, uma fileira de amendoim intercalado duas semanas após a sementeira do milho e milho com duas fileiras de amendoim intercalado uma semana após a sementeira do milho (Quadro 17).

Quadro 17: Dias para o despontar e taxa de crescimento (cm) do milho nas várias fases de amostragem do crescimento, influenciados pela cultura intercalar e por diferentes populações de plantas.

Tratamento	Semanas após a plantação (WAP)		Dias até ao despontar
	2-4	**4-6**	
Milho, amendoim de uma linha, milho 0 WAP	37.0	75.5	41.0
Milho, amendoim de uma linha, milho de 1 WAP	34.8	67.5	45.0
Milho, amendoim de uma linha, milho de 2 WAP	52.0	72.5	42.0
Milho, amendoim em duas fileiras, milho 0 WAP	45.5	72.5	35.0
Milho, duas linhas de amendoim, 1 WAP milho	47.5	73.2	40.0
Milho, amendoim de duas linhas, milho de 2 WAP	57.5	73.2	37.0
Milho solteiro	55.9	76.2	35.0
LSD(P=0,05)	7.77	NS	2.97

CAPÍTULO 5

5.0 Discussão

5.1.0Crescimento das culturas componentes na cultura intercalar espacial e temporal do milho e do amendoim

A altura das plantas de amendoim e milho aumentou regularmente em todas as fases de desenvolvimento em todos os tratamentos. Os resultados mostraram que as plantas consorciadas com amendoim produziram muito mais altura do que as plantas consorciadas com amendoim, o que pode ser devido à competição pela luz solar entre o milho e o amendoim. As plantas de milho eram mais altas do que as de amendoim, fazendo sombra a estas últimas. Uma vez que as plantas precisam de luz solar para a fotossíntese, o amendoim consorciado tende a crescer de forma a sair da sombra para obter luz, o que faz com que cresça um pouco mais do que as plantas solteiras. As duas fileiras de amendoim consorciado duas semanas após a sementeira do milho produziram o amendoim mais alto. As culturas intercalares produziram culturas entre 8-70% mais altas do que as suas homólogas isoladas. O sombreamento imposto ao amendoim pelo milho leva ao alongamento dos entrenós do amendoim para captar a luz solar. Este resultado está de acordo com o trabalho efectuado por Anon (2004), onde se observou que as culturas de leguminosas consorciadas cresciam mais alto do que as suas contrapartes isoladas. Também informações de estudos anteriores indicam que os efeitos da sombra sobre o crescimento e o rendimento das culturas de leguminosas aumentam a altura das plantas (Stirling *et al.,* 1990). As plantas de amendoim mais altas observadas na associação amendoim-milho foram provavelmente uma consequência da competição de luz e espaço com o milho. Foi demonstrado que a competição e um habitat sombrio desencadeiam o desenvolvimento de partes de plantas mais longas.

As plantas consorciadas com milho têm plantas cuja altura é um pouco mais baixa do que as plantas solteiras. O milho solteiro registou 5-19% mais altura do que as culturas intercalares. As plantas de milho crescem normalmente mais alto do que as plantas de amendoim e, assim, a diminuição da altura em relação à cultura única pode dever-se à competição pelos nutrientes do solo. A planta obtém luz solar suficiente para a fotossíntese, mas parece ter menos nutrientes do solo para o crescimento ativo devido à competição por nutrientes com as plantas de amendoim . Este resultado está de acordo com o trabalho feito por Wahua (1983) que relatou que as culturas em associação competem por recursos de nutrientes, o que pode afetar negativamente a cultura associada. Reddy e Willey (1980) descobriram que os valores de LER para a absorção total de azoto, fósforo e potássio em culturas intercalares eram de 1,25, 1,28 e 1,26, respetivamente, indicando que o maior rendimento em culturas intercalares estava associado a uma absorção proporcionalmente maior de nutrientes.

A taxa de crescimento de uma cultura determina a taxa a que a cultura aumenta em altura por período de tempo. A cultura do amendoim normalmente não cresce em altura e, portanto, os seus aumentos em altura são mínimos e podem explicar porque é que as suas taxas de crescimento não foram tão elevadas como as da planta do milho. No entanto, houve diferenças significativas ($P<0,05$) entre os tratamentos, em comparação com o amendoim isolado, o que significa que a cultura intercalar teve efeito sobre a taxa de crescimento do amendoim. A taxa de crescimento do milho foi muito mais elevada do que a do amendoim, variando de 20-90 cm por semana, enquanto a do amendoim foi de 9-29 cm. A planta do milho é muito mais alta do que o amendoim e cresce muito mais depressa do que este, o que faz com que tenha uma taxa de crescimento mais elevada do que o amendoim. Registaram-se diferenças significativas entre os tratamentos em todas as três fases para o milho. No entanto, da quarta à oitava semana, o milho solteiro teve uma taxa de crescimento mais elevada do que os outros tratamentos, o que significa que quando as plantas de milho são consorciadas com o amendoim, o crescimento da cultura diminui, o que pode ser devido à competição por nutrientes. Este resultado está de acordo com o trabalho feito por Wahua (1983), que relatou que as culturas em associação competem por recursos de nutrientes, o que pode afetar negativamente a cultura associada.

De acordo com William *et al.* (1957) e Saxena *et al.* (1983), o índice de área foliar do amendoim varia com as condições ambientais, práticas culturais e estágios de crescimento da cultura. Neste estudo, o amendoim cultivado no campo em duas fileiras intercaladas duas semanas após a sementeira do milho apresentou um índice de área foliar (IAF) consistentemente mais elevado do que o das fileiras simples e mesmo do que o do amendoim isolado. O índice de área foliar (IAF) aumentou com a densidade de sementeira e com o atraso da cultura intercalar. Estes resultados são semelhantes aos obtidos anteriormente por Cahaner e Ashiri (1974), com diferentes densidades e distâncias entre linhas para amendoins do tipo Virgínia com diferentes hábitos de crescimento. O resultado também está de acordo com Mkandawire e Sibuga (2002), que relataram que o índice de área foliar (LAI) aumentou com a densidade populacional. O aumento do índice de área foliar (LAI) com o aumento da densidade de plantas, no entanto, não resultou necessariamente em rendimentos elevados. Weber *et al.* (1966) relataram que as condições que maximizam o índice de área foliar (LAI) não são propícias a altos rendimentos devido à competição excessiva por recursos, especialmente luz. O amendoim, embora consorciado e semeado unicamente, não mostrou qualquer significância entre eles, exceto nas duas primeiras semanas em que a inferência acima foi feita.

No caso do milho, a cultura única de milho registou um índice de área foliar (LAI) mais elevado do que todos os outros tratamentos, embora os campos de milho que tinham duas filas de amendoim intercaladas no milho em várias semanas após a plantação tenham um índice de área foliar mais elevado do que aqueles com apenas uma fila. Isto está de acordo com o relatório de que o milho é mais sensível a variações na densidade de plantas do que outros membros da família das gramíneas (Almeida & Sangoi, 1996). Densidades mais elevadas de plantas de milho afectam negativamente o índice de área foliar (IAF) (Wiyo *et al.,* 1999), o que pode ser devido ao facto de que quando o milho é consorciado com o amendoim, devido ao aumento da densidade da cultura intercalar, há um aumento da competição pelos nutrientes do solo. Também revela que a capacidade da cultura intercalar de intercetar a luz solar para a fotossíntese é reduzida em relação à cultura única.

A matéria seca das plantas de amendoim mostrou significância entre os tratamentos durante o período de crescimento. Assim, as plantas acumularam matéria seca de forma diferente nas diferentes fases de crescimento, conforme indicado pelos tratamentos. Em geral, o campo de amendoim solteiro mostrou uma maior acumulação de matéria seca em todas as fases de amostragem do que os outros tratamentos. Além disso, observou-se a partir dos resultados que o retardamento da consorciação, juntamente com o aumento da densidade, reduziu significativamente ($P<0,05$) a acumulação de matéria seca para o amendoim. Isto está de acordo com a informação de estudos anteriores que indicam que os efeitos da sombra no crescimento e rendimento das culturas de leguminosas diminuem a acumulação de matéria seca (Stirling *et al.,* 1990). Isto também significa que o amendoim solteiro acumulou muita matéria seca, devido à ausência de competição do milho por nutrientes e também beneficiou do espaçamento mais amplo, em comparação com aqueles em competição cujo espaçamento era mais estreito e, portanto, só cresceu mais alto e mais fino. Este raciocínio está em conformidade com Giayetto *et al.* (1998), que referiram que o crescimento vegetativo era sensível ao efeito do espaçamento. Ao nível da planta individual, a matéria seca diminuiu significativamente devido à maior competição intra-específica produzida pelo encurtamento das distâncias entre linhas. Giri e Saran (1986) estudaram cultivares do tipo Virgínia e Espanhol e constataram que, na área de produção de amendoim na Argentina, as plantas de cultivares erectas e corredoras semeadas em altas densidades produziram menos matéria seca (folhas e caules) e vagens do que nas densidades recomendadas. Inal *et al*., (2007) revelaram que a produção de rebentos de plantas de amendoim e de milho diminuía com a consociação das plantas, em comparação com as plantas em monocultura.

Os resultados obtidos para o milho neste estudo mostraram que a acumulação de matéria seca não foi significativamente diferente entre os tratamentos, exceto na sexta semana. Bell *et al.,* (1987) relataram que o rendimento biológico (biomassa acima do solo mais vagens) não respondia à relação espacial no intervalo 1:1-1:7:19. As duas fileiras de amendoim entre duas fileiras de milho consorciadas duas semanas após a sementeira do milho deram o maior rendimento de matéria seca, seguidas de perto pelo milho solteiro na sexta semana. Isto está de acordo com as conclusões de que o aumento da produção de matéria seca do milho em culturas intercalares, em comparação com o milho isolado, pode ser atribuído ao facto de o milho ser uma cultura componente mais agressiva no sistema de culturas intercalares de cereais/leguminosas. Resultados semelhantes foram comunicados por numerosos investigadores (Searle et al., 1981; Clement et al., 1992 e Rerkasem e Rerkasem, 1998) que constataram que a produção de matéria seca aumentava quando o milho era consorciado em relação ao milho solteiro. A acumulação de matéria seca do milho é maior do que a do amendoim, e isto pode dever-se ao facto de a planta do milho ter uma estatura maior do que a do amendoim.

Os dias para a floração do amendoim dependem do facto de ser plantado sozinho ou em consociação. Este estudo revelou que o amendoim floresce cedo quando plantado sozinho e um pouco tarde quando consorciado com milho. Rhoda (1989) relatou que o aumento da densidade de plantação pode atrasar a formação de flores em leguminosas. O período de consociação e a sua densidade entre as linhas de milho também afectaram os dias de floração. Quando uma ou duas fileiras de amendoim são consorciadas com milho entre uma a duas semanas após a plantação de milho, os dias de floração do amendoim são prolongados em comparação com a plantação única de amendoim. Os resultados mostraram que os efeitos de sombreamento causados por plantas de milho mais altas atrasam a floração e a maturidade do feijão-frade. O resultado, no entanto, contradiz as descobertas com o feijão-frade, onde Mpangane (2001) observou que os dias de floração e maturidade de todas as cultivares de feijão-frade não diferiram entre o cultivo único e o cultivo intercalar com o milho.

Os dias para o despontar das plantas de milho não foram significativamente afectados pela cultura intercalar.

As plantas de amendoim consorciadas, especialmente as que foram adiadas por uma ou duas semanas, apresentaram maior altura na maturidade do que a cultura única, com uma diferença de até 28 cm de altura. As duas fileiras de amendoim consorciado duas semanas após a sementeira do milho produziram as plantas mais altas, com uma altura média de 68,08 cm. Isto pode dever-se ao facto de as plantas terem empenhado recursos para crescerem mais alto para intercetar a luz do sol para a fotossíntese, portanto como um mecanismo de sobrevivência devido ao amendoim intercalar com duas semanas de atraso. O milho proporcionou sombra às leguminosas, e a luz solar foi limitante para as culturas de leguminosas; portanto, a formação de folhas nas leguminosas foi prejudicada. As culturas de amendoim intercaladas cresceram mais do que as suas homólogas isoladas. Anon (2004) observou que as culturas de leguminosas intercaladas cresciam mais do que as suas homólogas isoladas. As plantas mais altas de amendoim observadas na associação amendoim-milho foram provavelmente uma consequência da competição de luz e espaço com o milho. Foi demonstrado que a competição e um habitat sombrio desencadeiam o desenvolvimento de partes de plantas mais compridas.

A cultura do milho nas parcelas consorciadas tem alturas mais baixas em relação à cultura do milho isolada, com uma diferença média de 30 cm de altura. A cultura intercalar do milho com o amendoim pode ter resultado na competição por nutrientes entre as duas culturas, negando assim à cultura do milho muitos nutrientes para o crescimento em termos de altura. A altura na maturidade do milho consorciado com o amendoim é afetada pela competição por nutrientes por ambas as culturas, resultando assim em alturas reduzidas em relação à cultura de milho única. Wahua (1983) relatou que as culturas em associação competem por nutrientes recursos, o que pode afetar negativamente a cultura associada.

5.2 Rendimento e componentes do rendimento das culturas componentes na cultura intercalar espacial e temporal do milho e do amendoim

O índice de colheita refere-se à parte da cultura que é utilizada para fins económicos em relação à totalidade da cultura. Mede a percentagem da parte da planta que é utilizada para fins económicos quando colhida, em comparação com a totalidade. As duas fileiras de amendoim intercaladas ao mesmo tempo com o milho produziram o índice de colheita mais elevado de 83,00, o que mostra que este tratamento produziu o maior número ou peso de grãos de amendoim entre os outros tratamentos e até mesmo o amendoim isolado. Os resultados indicaram que o retardamento da cultura intercalar do amendoim por uma ou duas semanas após o plantio do milho pode produzir um efeito altamente significativo no rendimento e reduzir o índice de colheita. No entanto, isto está de acordo com Mozingo e Wright (1995) que descobriram que uma sementeira de alta densidade tinha um maior rendimento do que as configurações mais espaçadas. Além disso, Kowal e Kassam (1970) relataram que, misturas envolvendo amendoim e cereais produzem um maior rendimento total por hectare / estação do que uma única cultura. Portanto, duas linhas de amendoim entre duas linhas de milho plantadas ao mesmo tempo é apropriado para obter muitos grãos de amendoim

O campo de milho consorciado com duas fileiras de amendoim duas semanas após a sementeira do milho teve o índice de colheita mais elevado de 21,6. Isto também revela que essas parcelas ou tratamentos produziram o maior número ou peso de grãos em comparação com outros tratamentos e até mesmo com o milho sozinho. Natarajan *et al.* (1985) referiram que, para os rendimentos reprodutivos, todos os sistemas de culturas intercalares mostraram algum aumento das vantagens relativas com o aumento do stress, devido aos índices de colheita mais elevados nas culturas intercalares do que nas culturas isoladas.

O rendimento de grãos é o peso dos grãos colhidos das culturas no campo por parcela ou tratamentos, conforme utilizado na experiência. Houve uma relação entre o rendimento de grãos e o índice de colheita da cultura, que foi quanto maior o índice de colheita de uma cultura, maior o rendimento. O rendimento de grãos da leguminosa diminuiu com o atraso da cultura intercalar, enquanto o rendimento de grãos do milho aumentou com o atraso da cultura intercalar da leguminosa. O campo onde as duas fileiras de amendoim foram intercaladas ao mesmo tempo com o milho produziu significativamente ($P<0,05$) um índice de colheita mais elevado para o amendoim e, eventualmente, produziu o maior rendimento de grãos de amendoim. Isto está de acordo com as descobertas de Misbahulmunir *et al.* (1989) que relataram um maior rendimento de amendoim em cultura intercalar quando o milho e o amendoim foram plantados simultaneamente em comparação com outras datas de plantação. Mongi *et al.* (1976) verificaram que o feijão-frade plantado 3 semanas depois do milho tinha um rendimento significativamente reduzido e, por conseguinte, recomendam a plantação de feijão-frade em simultâneo com o milho. Nangju (1979) relatou que o feijão-frade plantado tardiamente com o milho reduziu o seu rendimento em cerca de 78%. O aumento do rendimento de grãos pode ser atribuído à competição precoce por factores de crescimento. Isto pode dever-se ao facto de o amendoim não ter sofrido cedo com o sombreamento do milho, porque ambos começaram a crescer mais ou menos ao mesmo tempo. O amendoim também teve um bom início com o milho, pelo que a absorção de nutrientes do solo foi bastante disputada por ambas as culturas componentes. O maior rendimento da cultura intercalar parece ter sido alcançado por uma maior eficiência na conversão da energia luminosa em matéria seca e não por qualquer aumento na quantidade de energia luminosa interceptada. Sugere-se que este aumento da eficiência pode ter sido devido ao facto de o dossel combinado da cultura intercalar ter resultado numa distribuição mais eficiente da luz por uma maior superfície de folhas (Reddy e Willey, 1980). A constatação acima contradiz o relatório de Deloughery e Crookston (1979), que postularam que um povoamento esparso usará o armazenamento de água no solo mais rapidamente do que um povoamento denso e, portanto, terá um maior fator de partição para o grão.

No entanto, o mesmo não se pode dizer do milho. Os campos de milho que tinham duas fileiras de amendoim intercaladas duas semanas após a plantação do milho deram significativamente o maior rendimento de grãos do que a fileira única e até mesmo o milho único. Este facto está de acordo com Jiao *et al.* (2008), que referiram que a cultura intercalar de milho e amendoim tinha uma vantagem óbvia em termos de rendimento em relação ao milho isolado. Além disso, Willey e Osiru (1972) e Dagnew (1981) relataram uma redução do rendimento do feijão e do milho quando a densidade da população de plantas é reduzida em culturas intercalares. Também de acordo com Agboola e Fayemi (1972), a cultura intercalar de milho com feijão-frade (*phaseolus aureus)*, feijão-frade (*Vigna unguculata*) e mucuna (*colopogonium mucunoids)* aumentou o seu rendimento médio de grãos em 0,5 toneladas/ha em relação ao controlo. Foi efectuada uma investigação com mandioca e feijão-frade sobre a melhoria da fertilidade do solo e o investigador observou aumentos no rendimento da raiz de mandioca com o aumento da densidade populacional de feijão-frade (Eke-Okor *et al.*, 1999). O período de duas semanas deu à planta do milho o monopólio da luz solar e dos nutrientes do solo, permitindo que o milho estabelecesse um bom crescimento. Neste caso, uma vez que a planta do milho já tem uma estatura mais alta do que o amendoim, não há maneira de o amendoim alcançar o milho novamente para competir pela luz solar. No que diz respeito aos nutrientes do solo, uma vez que o milho estabelece uma boa fixação das raízes no solo antes de o amendoim começar a enraizar, a raiz do milho terá vantagem na absorção de nutrientes do que o amendoim. Foi relatado que o cultivo intercalar de feijão atrasado favoreceu o rendimento de grãos de milho, como afirmado por Francis *et al.* (1982) e Francis e Stern (1987) trabalhando com sistemas de cultivo intercalar de feijão/milho e milho/couve, respetivamente. Além disso, a decomposição de folhas de leguminosas caídas melhora a fertilidade do solo para que o milho absorva nutrientes, razão pela qual a cultura intercalar teve um melhor desempenho do que o milho isolado.

A vantagem de rendimento das culturas intercalares foi calculada de acordo com Ofori e Stern (1987), e Willey e Rao (1980). O rácio de equivalência da terra (LER) fornece uma avaliação exacta da maior eficiência biológica da situação de culturas intercalares. O rácio maior do que um (1) significa que, neste estudo, a cultura intercalar de milho e amendoim foi benéfica. As duas fileiras de amendoim entre o milho registaram valores de LER mais elevados do que o tratamento com fileiras simples. Os valores de LER indicam que o amendoim registou uma vantagem de rendimento em todos os sistemas de culturas intercalares devido à complementaridade das culturas, o que corrobora as conclusões de vários investigadores (Willey, 1979) e (Reddy e Willey, 1981). Este estudo também confirma relatórios anteriores de Altieri (1987), segundo os quais o rendimento total por hectare em misturas é muitas vezes superior ao rendimento da cultura única, mesmo quando os rendimentos dos componentes individuais são reduzidos. Natarajan *et al.* (1985) observaram que, com base num rácio de equivalência de terras (LER), a cultura intercalar proporcionou um rendimento reprodutivo 26% superior (LER = 1,26) ao do cultivo das duas culturas separadamente; ambos os aumentos de rendimento foram estatisticamente significativos. Sugere-se que este aumento de eficiência pode ter sido devido ao facto de o dossel combinado da cultura intercalar ter resultado numa distribuição mais eficiente da luz por uma maior superfície de folhas (Reddy e Willey, 1980).

CAPÍTULO 6

6.1 Conclusões

Com base nos resultados do estudo, foram tiradas as seguintes conclusões:

O peso seco do rebento, o rendimento do grão LAI e o índice de colheita do amendoim diminuíram com o atraso do cultivo intercalar do amendoim, enquanto a altura da planta, a taxa de crescimento e os dias até 50% de floração do amendoim aumentaram com o atraso do cultivo intercalar do amendoim. Em termos de arranjo espacial, o rendimento de grãos do amendoim em fileira dupla (1:2) teve melhor desempenho do que a fileira simples de amendoim (1:1) devido à complementaridade da cultura, no entanto, no que diz respeito à acumulação de matéria seca, o arranjo espacial 1:2 para o amendoim produziu menos do que o 1:1. No caso do milho, o consórcio tardio do amendoim produziu maior rendimento de grãos, acumulação de matéria seca, índice de área foliar, altura na maturidade e índice de colheita. Os rácios de equivalência da terra (LER) diminuíram com o atraso das culturas intercalares, no entanto, os valores de LER para as culturas intercalares foram superiores a 1,0. Este valor implica que as culturas intercalares tiveram uma vantagem de rendimento em relação às culturas únicas. A cultura intercalar do amendoim em simultâneo com o milho deu o maior LER de 1,48 e 3,39 para a disposição espacial 1:1 e 1:2, respetivamente. Os resultados deste estudo sugerem, portanto, que no sistema de culturas intercalares de milho e amendoim, tanto o milho como o amendoim devem ser plantados simultaneamente.

6.2 Recomendação

Recomenda-se, por conseguinte, que

1) Quando o amendoim é considerado a cultura principal, deve ser adoptada a sementeira de duas linhas de amendoim ao mesmo tempo que o milho para obter a colheita máxima.

2) Se o agricultor considerar que o milho é o principal interesse para a alimentação, então a linha de milho seguida de duas linhas de amendoim intercaladas duas semanas após a sementeira do milho seria o ideal

3) Quando o agricultor quer maximizar o uso da terra para ambas as culturas igualmente, então as duas fileiras de amendoim intercaladas ao mesmo tempo que o milho é semeado é o melhor sistema

REFERÊNCIAS

Abaidoo, R. C. Kessel, C. van. (1989).15N uptake, N2-fixation and rhizobialinterstrain competition in soybean and bean, intercropped with maize. Soil Biology and Biochemistry, Oxford, v. 21, n. 1, p. 155-159.

Adu-Gyamfi, J.J., Myaka, F.A. Sakala, W.D. Odgaard, R. Vesterager, J.M. e Hogh-Jensen, H. (2007). Biological nitrogen fixation and nitrogen and phosphorus budgets in farmer-managed intercrops of maize-pigeonpea in semi-arid Southern and Eastern Africa. Plant Soil, 295: 127-136

Agarwal, P.K., Ganity, D.P., Liboon, S.P. e Moris, R.A. (1992).Utilização de recursos e interação entre plantas de arroz e de feijão-mungo. Revista de Agronomia 75: Pp 1005-1009.

Agboola, A.A. e Fayemi, A.A. (1972). Efeitos da gestão do solo no rendimento do milho. Agronomy Journal 64: Pp 641 - 644.

Ahmad, S. e M.R. Rao, (1981). Desempenho da combinação de culturas intercalares de milho e soja nas regiões tropicais: Resultados de um estudo multilocalizado. Field Crops Res., 5: 147-161.

Ahmad, S. e M.R. Rao, (1981). Desempenho da combinação de culturas intercalares de milho e soja nas regiões tropicais: Resultados de um estudo multilocalizado. Field Crops Res., 5: 147-161.

Akinnifesi, F.K., Makumba, W. e F.R. Kwesiga, 2006. Produção sustentável de milho utilizando a cultura intercalar gliricidia/milho no Sul do Malawi. Exp. Agric., 42: 441-457.

Allison, J. C. S. (1969). Effect of plant population on the production and distribution of dry matter in maize (Efeito da população de plantas na produção e distribuição de matéria seca no milho). Annals of Applied Biology, 63: 135-144.

Almeida, M.L., De, Sangoi, L.(1996). Aumento da densidade de plantas de milhopararegiôes de curtaestaçaoestival de crescimento. Pesquisa Agropecuária Gaúcha, Porto Alegre, v.2, n.2, p.179-183.

Altieri MA, (1987). As bases científicas da agricultura alternativa. Agroecologia 73:116-120.

Altieri, M.A. 1994. *Biodiversidade e* Yayock, J.Y. (1979).Efeitos de variedades e espaçamento no crescimento, desenvolvimento e distribuição de matéria seca em amendoim *(ArachishypogaeaL.)* em dois locais na Nigéria.Expl.Agric.15:339- 351.

Altieri, M.A. e Liebman, M. (1986). Gestão de insectos infestantes e doenças das plantas em sistemas de culturas múltiplas. In: Multiple Cropping Systems, Francis, C.A. (Ed.). MacMillan Publ.Co., Nova Iorque. .

Amanullah, Z.M. Malhi, S.S. e Khattak, R.A. (2009). Efeitos da fonte de fertilizante de fósforo e da densidade de plantas no crescimento e rendimento do milho no noroeste do Paquistão. *Pak. J. Plant Nutrition*, 32(12): 2080-2093.

Andrews, D.J., (1972). Intercropping sorghum in Nigeria. Exp. Agric., 8: 129-150.

Arkebauer, TJ, Weiss A, Sinclair, TR, Blum, A (1994). Em defesa da eficiência do uso da radiação: uma resposta a Demetriades-Shah et al. (1992). Agric. For.

Meteorol. 68: 221-227.

Ati, O.F. Stigter, C.J. Oladipo, E.O. (2002). "A comparison of methods to determine the o9nset of the growing season in northern Nigerai" Int. J. Climatol, 22:731-742.

Ayisi, K.K. Mpangane P.N.Z e Anthony Whitbread (2004). Rendimento de grãos e atividade simbiótica de cultivares de feijão-frade cultivadas em sistemas de cultivo único e intercalado com milho na província do Limpopo, África do SulNovas direcções para um planeta diverso: Actas do 4º Congresso Internacional de Ciência das Culturas

Azam-Ali, S.N., Matthews, R.B. Williams, J.H. e Peacock, J.M. (1990). Utilização da luz, absorção de água e desempenho de componentes individuais da cultura intercalar de sorgo e amendoim. Exp. Agric., 26: 413-427.

Banik, P. e. Sharma, R.C. (2009). Rendimento e eficiência da utilização de recursos no sistema de cultivo intercalar de milho-leguminosas para bebés no planalto oriental da Índia. J. Sustainable Agric., 33: 379-395.

Bantilan, R.T. Harwood, R.R. (1973) Weed management in intensive cropping systems Saturday seminor paper, 28th July, 1973. Instituto Internacional de Pesquisa do Arroz. LDS Banos, Laguna, Filipinas. Relatório anual sobre sistemas de cultivo, 1976. Relatório de trabalho de 1976, FSRP. ICRISAT e Hyderabad, Índia. Pp 7.

Bantilan, R.T. Harwood, R.R. (1973) Weed management in intensive cropping systems Saturday seminor paper, 28th July, 1973. Instituto Internacional de Investigação do Arroz. LDS Banos, Laguna, Filipinas. Relatório anual sobre sistemas de cultivo, 1976. Relatório de trabalho de 1976, FSRP. ICRISAT e Hyderabad, Índia. Pp 7.

Barhom, T.I.H. (2001). Estudos sobre as necessidades hídricas de algumas culturas em diferentes sistemas de cultivo. Tese de Mestrado, Faculdade de Agricultura da Universidade do Cairo.

Beets, W.C. (1990). Raising and Sustaining Productivity of Smallholder Systems in the Tropics (Aumento e Manutenção da Produtividade dos Sistemas de Pequenos Agricultores nos Trópicos): A Handbook of Sustainable Agricultural Development. Agbe Publishing, Alkmaar, Países Baixos.

Begum, N., M.M. Ullah, M.F. Haq, M.A.R. Khatuna e S. Yasmin, (1999). Performance of potato intercropped with maize. Bangladash J. Sci. Ind. Res., 34: 183-187.

Bell, M. J. Muchow, R. C. e Wilson, G. L (1987**).** The effect of plant population on peanuts (*Arachishypogaea*) in a monsoonal tropical environment. Division of Tropical and Pastures, CSIRO, Darwin Laboratories, P.M.B. No. 44, Winnellie, 5789 N.T., Austrália

Bell, M. J. Muchow R. C. e Wilson, G. L. (1987). The effect of plant population on peanuts (*Arachishypogaea*) in a monsoonal tropical environment.W.A.Department of Agriculture, Kununurra, 6743 W.A., Australia. Division of Tropical and Pastures, CSIRO, Darwin Laboratories, P.M.B. No. 44, Winnellie, 5789 N.T., Austrália

Blade, S.F., S. Shetty, V.R. Terao, T e Singh, B.B. (1997). Recent Developments in Cowpea Cropping Systems Research (Desenvolvimentos recentes na investigação de sistemas de cultivo de feijão-frade). In: Advances in Cowpea Research, Singh, B.B.,

D.R. Mohan Raj, K.E. Dashiell e L.E.N. Jackai (Eds.). IITA e JIRCAS, Ibadan, Nigéria, pp: 114-128.

Bliss, F.A. e Hardarson, G. (eds.) (1993). Melhoria da fixação biológica de azoto do feijão comum na América Latina. Resultado de um programa de investigação coordenado pela FAO/IAEA , 1985-1991.

http://www.neutrino.co.jp/abi dpss/0-7923-2451-X.PDF 04/05/04.

Blumenthal, M. J. Quach, V.P. and Searle, P. G. E. (1982) Effect of soybean population density on soybean yield, nitrogen accumulation and residual nitrogen, Australian Journal of Experimental Agriculture 28:99-106

Brintha, I. e Seran, T.H. (2009). Efeito da plantação de rabanete (*Raphanus sativus* L.) em fileiras emparelhadas, intercalada com amaranto vegetal (*Amaranthus tricolor* L.) nas componentes de rendimento do rabanete em regossolo arenoso. J. Agric. Sci., 4: 19-28.

Brown, L.R, Halweil. B. (1998). A escassez de água na China pode abalar a segurança alimentar mundial. World Watch (julho-agosto) 10-18.

Butler, T.J. Gerald, W.E. Mark , AH, Ringer J.R. (2002). Floração no trevo carmesim afetada pela data de plantação. Crop Sci. 42: 242-247.

Cahaner, A. e Ashiri, A. (1974). Desenvolvimento vegetativo e reprodutivo de variedades de amendoim do tipo Virginia em diferentes densidades de povoamento. Crop science 14: 412-6.

Cahaner, A. e Ashiri, A. (1974). Desenvolvimento vegetativo e reprodutivo de variedades de amendoim do tipo Virginia em diferentes densidades de povoamento. Crop science 14: 412-6.

Carruthers, K. F. E. Q. Cloutier, D. and Smith, D. L. (1998) Intercropping corn with soybean, lupin and forages: weed control by intercrops combined with inter-row cultivation. Jornal Europeu de Agronomia 8 (3-4): 225-238

Casal, J.J., Deregibus, V.A., Sânchez, R.A. (1985).Variações na dinâmica e morfologia dos perfilhos em plantas vegetativas e reprodutivas ***de Loliummultiflorum*** Lam. afectadas por diferenças na irradiação vermelho/vermelho distante.**Annals of Botany**, London,v.56, p.533-559.

Clark, R.E.A. and Francis, C.A. (1985).Transgressive yielding bean: Maize intercrops, interference in time and space. Field Crops Reserch 10: Pp 37 - 53.

Clement A, Chalifour FP, Bharati, M.P. Gendron G (1992). Efeitos do fornecimento de nitrogênio e do arranjo espacial no rendimento de grãos de uma cultura intercalar de milho / soja em um clima subtropical úmido . Journal of Plant Science (Canadian) 72: 57 - 67.

Collinson, S.T., Sibuga, K.P. Tarimo, A.J.P. e Azam-Ali, S.N. (2000). Influência da data de sementeira no crescimento e rendimento das variedades de amendoim bambara na Tanzânia. Experimental Agriculture 36:1-13.

CSIR/MoFA. (2005) Maize production guide: Projeto de desenvolvimento de culturas alimentares, PP 14-15.

CSIR/MoFA. (2005) Maize production guide: Projeto de desenvolvimento de culturas alimentares, PP 14-15.

Cumberland, J. (1978). Feijão jugo: Research Report No. 19. *Divisão de Investigação Agrícola, Ministério da Agricultura*; Estação de Investigação de Malkerns, Suazilândia. 11pp.

Dagnew, G. (1981). Efeito da cultura intercalar no rendimento, componentes do rendimento e totais de rendimento relativo do milho e feijão associados, Phaseolus vulgaris. Tese de Mestrado, Universidade de Adis Abeba, Etiópia.

Dahmardeh, M., Ghanbari, Syahsar, B.A. e Ramrodi, M. (2010). O papel da cultura intercalar de milho (*Zea mays* L.) e feijão-frade (*Vigna unguiculata* L.) no rendimento e nas propriedades químicas do solo. Afr. J. Agric. Res., 5: 631-636.

Dimitrios, B., P. Panayiota, K. Aristidis, P. Sotiria, K. Anestis, e E. Aspasia, (2010). Efeitos supressores de ervas daninhas do consórcio milho-leguminosas na agricultura biológica. Int. J. Pest Manage, 56: 173-181.

Doku, E.V. e Karikari, S.K. (1970). Floração e produção de vagens de bambara amendoim bambara (Vignasubterrenea) no Gana. Ghana J. Agric Sci. 3:17-26.

Duncan, W.G. McCloud, D.E. McGraw, R.L, Boote, K.J (1978).Physiological aspects of peanut yield improvement. Crop Sci. 18: 1015-1020. FAO (2005).FAO Statistical DatabasesAvailable at http://faostat.fao.

Eaglesham, A.R.J. Ayanaba, A. Rao, V.R e. Eskew, D.L (1981). Melhorar a nutrição azotada do milho através da cultura intercalar com coyxa. Soil Biol. Biochem. 13: 169-171.

Edje, O.T e Osiru, D.S.O (1988). Métodos de determinação da área foliar em algumas plantas cultivadas. Cassava-based cropping systems research I. Contributions from the First annual meeting of the collaborative group in cassava-based cropping systems research. Instituto Internacional de Agricultura Tropical, Ibadan, Nigéria. 16-19 de novembro de 1987.

Edje,O.T., Mughogho, L. K. e Ayonoadu, U.W.U. (1971). Effects of row width and plant spacing on the yield of canning beans. Lilongwe, Universidade do Malawi. Escola Superior de Agricultura de Bunda. *Boletim de Investigação* 2:29-36.

Eke-Okoro, O.N. Ikeorgu, J.E.G. e Okorocha, E.O.A. (1999). Avaliação comparativa de cinco espécies de leguminosas para a melhoria da fertilidade do solo, supressão de ervas daninhas e rendimento das culturas componentes em culturas intercalares de mandioca/leguminosas. *Afric. J. Root and TuberCrops*, 3 (2): 17-54.

Eliesen, J. M. e Freira, M. J. (1992). Efeito da densidade de plantas e do padrão de sementeira no rendimento de uma cultura intercalar de amendoim e milho. In: *Actas do Quinto Workshop Regional de Amendoim para a África Austral.* NageswaraRao, C. e Subrah, M.P (Eds.), pp. 121-124. 9-12 Lilongwe, Malawi.

Exner, D.N. e Cruise, RM. (1993). Potencial das leguminosas forrageiras semeadas como cobertura do solo no inverno, fonte de azoto e concorrente. **J.** Prod. Agric. ***6:226-23*** 1.

FAO (1990) FAO UNESCO Soil map of the world revised. Legenda FAO, pp 119.

FAO (Organização das Nações Unidas para a Alimentação e a Agricultura) Food Outlook 1990, Roma, Itália.

Fawusi, (1985). Influência de arranjos espaciais no crescimento, rendimento de frutos e grãos e componentes de rendimento de milho e quiabo (Abelmoschus esculentus) consorciados. Fld Crops Res., 11: 345-352

FCDP, (2005), Projeto de Desenvolvimento de Culturas Alimentares. Guia de produção de milho (Ministério da Alimentação e Agricultura) CSIR. Pp 14-15

Figuerola PI, Berlinger PR (2006). Caracterização da camada superficial acima de uma cultura em linha na presença de advecção local. Atmosfera 19: 75-108.

Fisher, M.N. (1979) Studies in mixed cropping (3). Novos resultados com misturas de milho e feijão.Expl. Agric. 15: 112 - 114.

Forcella, F. Westgate, M. E. Warnes, D. D. (1992).Effect of row width on herbicide and cultivation requirements in row crops.American Journal of Alternative Agriculture,Greenbelt, v. 7, n. 1, p. 161-167,

Francis, C.A. (1990). E5ciências biológicas em **sistemas** de culturas múltiplas. Adv Agon. 42: 1-15.

Francis, C.A., (1987). Distribuição e importância dos sistemas de culturas múltiplas.

Macmillan, Nova Iorque, pp: 1-10.

Francis, O. e Stern, W.R. (1987). Tempo de sementeira relativo e densidade das culturas componentes num sistema de culturas intercalares de milho/feijão-frade. Agricultura Experimental 23:41-52.

Frimpong, A. (2002). Guia de produção de amendoim e amendoim de bambara.

(eds: Clottey, V.A. Alhassan, A.Y. Asante, S.K. e Owusu, R.K.) SARI, Gana. Pp 1-11

Fussell, L. K. e Serafini, P. G. (1985) Associations de cultures dans les zones tropicales semi-arides d'Afrique de l'Ouest: strategies de recherché anterieures et futures. (In Fr) Pages 254-278 in Technologies appropriees pour les paysans des zones semi-arides de l'Afrique de l'Ouest) Ohm, H.W. and Nagy J.G., eds.). West Lafayette, Indiano, EUA:

Purdue University

Fussell, L.K. e Sarafini, P.G. (1986). Intercropping-its future as a cropping system in the drought prone semi arid tropics of West Africa. Trabalho apresentado durante um simpósio internacional sobre a seca realizado no Centro de Conferências Kenyata, Nairobi, Quénia, 19th a 23rd de maio de 1986

Ghaffarzadeh M, Prechac F G e Cruse R M 1994 Resposta do rendimento de grãos de milho, soja e aveia cultivados num sistema de culturas intercalares em faixas. Am. J. Altern. Agric. 9, 171-177.

Ghosh, P. K. (2004), Growth, yield, competition and economics of groundnut/cereal forragem intercropping systems in the semi-arid tropics of India. Field Crops Research Volume 88, Números 2-3, Páginas 227-237

Giller, K. E. (2001).Nitrogen Fixation in Tropical Cropping Systems, 2nd edn. Wallingford, Reino Unido: CABI Publishing.

Gittinger, J. P. (1984). Economic Analysis of Agricultural Projects.2nd edn.299- 361. Baltimore, EUA: The Johns Hopkins University Press.

Gomez, A.A e Gomez, K.A (c1983).Multiple Cropping in the humid tropics of Asia. International Development Research Centre (IDRC), Ottawa, Canadá. http ://www.ceci. ca/w/i/n/m007144. htm.

Hardarson, G. e G. Atkins, (2003). Otimização da fixação biológica de azoto por leguminosas em sistemas agrícolas. Plant Soil, 252: 41-54.

Harris, D. e Azam-Ali, S.N. (1993). Implicações da sensibilidade ao comprimento do dia no amendoim de bambara (*Vignasubterannea*) para a produção no Botswana. *Journal of Agricultural Science* 120:75-78.

Hashemi, A.M. Herbert, S.J. e. Putnam, D.H (2005). Yield response of corn to crowding stress (Resposta do rendimento do milho ao stress de aglomeração). *Agron. J.*, 97: 839-846.

Hasheni-Dezfouli, A. Herbert, S.T. (1992). Identificação da resposta da densidade de plantas de milho com sombra artificial. J. Agron. 84:547-551.

Henriet, J, Van GA, E.k. Blade, S.F, Singh BB (1997). Avaliação quantitativa dos sistemas de cultivo tradicionais na Savana do Sudão, no Norte da Nigéria. I. Levantamento rápido dos sistemas de cultivo prevalecentes. J. Agric. Res. (Samaru) 14: 3745.

Hook, J.E. e G.J. Gascho, (1988). Multiple Cropping for Efficient use Water and Nitrogen. In: Cropping Strategies for Efficient use of Water and Nitrogen, Hargrove, W.L. (Ed.). Sociedade Americana de Agronomia, Sociedade Americana de Ciência das Culturas e Sociedade Americana de Ciência do Solo, Madison, pp. 7-20: 7-20.

Hugar, H.Y. e Palled, Y.B. (2008). Estudos sobre sistemas de culturas intercalares de milho-vegetais. Karnataka j. Agric Sci., 21:162-164

Ifenkwe, O.P. and Odurukwe, S.O. (1990).Potato/maize intercropping in the Jos Plateau of Nigeria. Fld. Crops Res., 25: 75-82.

Ifenkwe, O.P. Odurukwe, S.O. Okonkwo, J.C. e Nwokocha, H.N. (1989).

Efeitos das populações de milho e de batata nos rendimentos de tubérculos e de grãos, no rendimento líquido e no rácio de equivalência da terra na cultura intercalar de batata/milho. J. Trop. Agric., 66: 329-333.

Ikeorgu, J.E.G., Ezumah, H.C e Wahua, T.A.T (1984).Produtividade de espécies em misturas complexas de mandioca/milho/okra/egusi melão na Nigéria.*Fld. Crops Res.*, 21: 1-7.

Inal, A. Gunes, A. Zhang, F. Cakmak I (2007) A cultura intercalar de amendoim/milho induziu alterações na rizosfera e nas concentrações de nutrientes nos rebentos. Plant PhysiolBiochem Department of Soil Science and Plant Nutrition, 06110 Ankara, Turquia. 45(5):350-6

Innis, W.H. (1997). Intercropping and the Scientific Basis of Traditional Agriculture. 1ª ed., Intermediate Technology Publications Ltd., Londres.

Jeyakumaran, J. e T.H. Seran, (2007). Estudos sobre o cultivo intercalar de pimento

(*Capsicum annum* L.) com bushitao (*Vigna unguiculata* L.). Actas da 6ª Sessão Anual de Investigação, 18-19 de outubro, Campus de Trincomalee, EUSL, pp. 431-440: 431-440.

Jiao, N.Y., C. Zhao, T.Y. Ning, L.T. Hou, G.Z. Fu, Z.J. Li e Chen, M.C. (2008). Efeitos da cultura intercalar de milho e amendoim no rendimento económico e na resposta à luz da fotossíntese. Chinese J. Applied Ecol., 19: 981-985.

Kar,G. (2005). Estudo da interceção da radiação, da água da chuva e da eficiência da utilização da radiação em culturas intercalares à base de leguminosas numa zona de arroz de sequeiro no leste da Índia. J. Agrometeorol. 7: 84-89.

Karunatilake, U. van Es, H.M. e Schindelbeck, R.R. (2000). Resposta do solo e do milho à aração e ao plantio direto após a conversão de alfafa em milho em um solo argiloso em Nova York. *Soil and Tillage Res*. 55(1-2): 31-42.

Keating, B.A. e P.S. Carberry, (1993). Captação e utilização de recursos em culturas intercalares: Radiação solar. Field Crop Res., 34: 273-301.

Ketring, D.L. (1984). Efeitos da temperatura no desenvolvimento vegetativo e reprodutivo do amendoim. Crop Sci. 24:877-882.

Ketring, D.L. Wheless, T.G. (1989). Os requisitos de grau-dia para o desenvolvimento fenolójico do amendoim.Agron. J. 81: 910-917.

Kombiok, J.M. e Clottey, V.A (2003). Maize yield and soil N as affected by date of planting mucuna in maize-mucuna intercropping in Ghana, Tropical Agriculture (Trinidad) 80: 77-82.

Kowal, J.M. e Kassam, A.H. (1970). Agricultural Zoology of the Savanna.A Study of West Africa Oxford England, Clarendon Press pp. 282.

Kumaga, F.K. Ofori, K. e Coblavi, C.S.F. (2002). Effect of time of planting on growth, flowering and seed yield of bambara groundnut (Vigna subterranean (L) Verde.). inBegemann F., I. Mukema and E. Obed - Lawson, (eds) 2002. Pp 60 - 65.

Kumar, V. e Yusuf, Y. (1991).Efeitos da disposição das linhas e da densidade dos componentes da mistura no algodão/milhete, algodão/amendoim e algodão/milho. Níger. Agric. J. 16:43-53.

Leihner, D.E., (1979). Implicações agronómicas dos sistemas de culturas intercalares de mandioca e leguminosas. In: Intercropping with Cassava, Weber, E., B. Nestel e M. Campbell (Eds.). Centro Internacional de Investigação, Índia, pp: 103-112.

Leong, S.K, Ong, C.K (1983). A influência da temperatura e do défice hídrico do solo no desenvolvimento e morfologia do amendoim (*ArachishypogaeaL.*). J. Exp. Bot. 34: 1551-1561.

Li, L. Sun, J. Zhang, F. Li, X. Yang, S. e Rengel, Z. (2001).Cultivo intercalar de trigo/milho ou trigo/soja em faixas: I. Vantagem de rendimento e interações interespecíficas em nutrientes Field Crops Research. Volume 71, Número 2, Páginas 123-137

Lindemann ,W.C. e Glover, C.R. (2003).Nitrogen fixation by legumes. Guia A- 129. Serviço de Extensão Cooperativa, Faculdade de Agricultura e Economia Doméstica. http://www.cahe.nmsu.edu/pubs/a/a-129.pdf.

Lynam, J.K. Sanders, J.H. e Mason, S.C. (1986). Economia e risco em culturas múltiplas. In: Multiple Cropping Systems, Francis, C.A. (Ed.). Macmillan, Nova Iorque, pp: 250-266.

Mafongoya, P. L., Mugendi, D. N., Jama, B. e Waswa, B. S. (2003).Sistemas de cultivo baseados no milho na zona sub-húmida da África Oriental e Austral. In Gestão da Fertilidade do Solo em África: A Regional Perspective. 73-122 (Eds M. P.

Makarau, A. (1995), Modo oscilatório intra-sazonal da circulação da África Austral: Tese de doutoramento, Universidade da Cidade do Cabo, África do Sul.

Makindea, E.A. Ayoolab, O.T e. Makindec, E.A (2009). Intercruzamento de folhas verdes e milho na infestação de ervas daninhas, desenvolvimento da cultura e rendimento. Int. J. Vegetable Sci., 15: 402-411.

Martin Van Wolfswinkel, M. (2006).Intercropping of annual food crops. Agro brief número 4 (Agromisa)

Misbahulmunir, M.Y., Sammons, D.J. e Weil, P.R. (1989). Desempenho da cultura intercalar de milho e amendoim em relação às datas de plantio relativas da cultura componente. Agronomy Journal 81:184-189.

Mkandawire, F.L. and Sibuga, K.P. (2002).Yield response of bambara groundnut to plant population and seed bed type. African Crop Journal.Vol. 10. No. 1, 2002, Pp, 39-49.

Modiba, M.D. (2002). Crescimento e resposta da produtividade do milho (Zea mays) à água e ao azoto em esquemas de irrigação SH na província do Limpopo. Tese de mestrado da Universidade do Norte, pp 1-77.

MoFA/CSIR (2005), Guia de produção de milho: projeto de desenvolvimento de culturas alimentares. Pp 14-15

Mongi, H.O. Uriyo, A.P. Sudi, Y.A. e. Singh, B.R. (1976). An Appraisal of Some Intercropping Methods in Terms of Grain Yield, Response to Applied Phosphorus and Monetary Return from Maize and Cowpeas. Jornal Agrícola e Florestal da África Oriental. 42(1): 66-70.

Morgado, L.B. and Willey, R.W. (2003) Efeito da população de plantas e da adubação nitrogenada na produtividade e eficiência da cultura intercalar milho-feijão. Pesquisa Agropecuária Brasileira, v.38, p.1257-1264,

Morris, R.A. e Garrity, D.P. (1993). Captura e utilização de recursos em culturas intercalares: Água. Field Crops Res., 34: 303-317.

Morris, R.A. e. Garrity, D.P. (1993). Captura e utilização de recursos em culturas intercalares: Água. Field Crops Res., 34: 303-317.

Mottern, H.H. (1973). Peanut and human nutrition, In: Peanut - culture and uses, Oklahoma: America Peanut Research and education Association. Pp 30-35.

Mpangane, P.N.Z (2001). Rendimento de grãos, fixação biológica de nitrogénio e infestação de insectos e pragas em milho - sistema de cultivo intercalar de diversas variedades de feijão-frade na província do Norte. Tese de mestrado. Universidade do Norte, pp 1-80

Muchow, R.C. (1989). Produtividade comparativa de milho, sorgo e milheto num ambiente semi-árido e tropical. II. Efeito do défice hídrico. Field Crop Res. 20: 207 - 219.

Muoneka, C.O. e Asiegbu, J.E. (1997). Efeito da plantação de quiabo e do arranjo espacial em cultura intercalar com milho no crescimento e rendimento das espécies componentes. J. Agron. Crop. Sci., 179: 201-207.

Mutsaers, H.J.N. Ezuma, H.C e Osiru, D.S.O. (1993). Culturas intercalares à base de mandioca: A review. Field Crop Res., 34: 431-457.

Nambiar, P. T. C. Rao, M. R. Reddy, M. S. Floyd, C. N. Dart P. J. e Willey, R. W. (1983). Effect of Intercropping on Nodulation and N2-fixation fixation by Groundnut. Experimental Agriculture, 19, pp 79-86 doi:10.1017/S001447970001053X

Natarajan, M. Willey, R. W. (1980). Sorghum-pigeonpea intercropping and the effects of plant population density - 2: resource use. Journal of Agricultural Science, Cambridge, Inglaterra, v. 95, p. 59-65,

Norman, D.W. (1977). A racionalização da cultura intercalar. Ambiente Africano. 2/3. 4/1: Pp 97-109.

Nygren, P. (1994). Dinâmica do carbono e do azoto em árvores *de Erythrinapoeppigiana* (Leguminosae:Phaseoleae) geridas por podas periódicas. Dissertação de doutoramento. Universidade de Helsínquia, Finlândia.

http : //honeybee.Helsinki .fi/tropic/CNdynpru.html.

O' Callaghan, J.R. Maende, C. Wyseure, G.C.L. (1994).Modeling the Intercropping of Maize andBeans in Kenya. Comp. Electron Agric. 11:351 - 365.

Ogindo, H.O. e Walker, S.(2005). Comparação das mudanças medidas no conteúdo sazonal de água no solo pela cultura intercalar de milho e feijão e pela cultura de componentes na região semi-árida do Sul. Terra, 30: 799-808.

Ofori F, Stern WR (1987b). Tempo de sementeira relativo e densidade das culturas componentes no sistema de culturas intercalares de milho - feijão-frade. 23: 41- 52.

Ofori, E. Kyei-Baffour, N. Agodzo, S. K. (2004). Desenvolvimento de informação climática eficaz para a gestão da produção de culturas de sequeiro em alguns centros agrícolas selecionados no Gana. Actas do Retiro de Investigação da Escola de Engenharia realizado no HO, (Não publicado).

Ofori, F. and Stern, W.R. (1987).Cereal-legume intercropping advantages. Agronomy Journal 64: Pp 41-90.

Ofori, F. e W.R. Stern, (1987). Sistemas de culturas intercalares de cereais e leguminosas. Adv. Agron., 41: 41-90.

Ogindo, H.O. e S. Walker, 2005. Comparação das mudanças medidas no conteúdo sazonal de água no solo pela cultura intercalar de milho e feijão e pela cultura de componentes na região semi-árida do Sul. Terra, 30: 799-808.

Ofori, F. Stern, W.R. (1987). Sistemas de culturas intercalares de cereais e leguminosas. Adv. Agron., 41, 41-90.

Ofori, F. Stern, W.R. (1987b). Tempo relativo de sementeira e densidade das culturas componentes no sistema de culturas intercalares milho - feijão-frade. Agric. 23: 41-52.

Ogbuehi, C.R.A e Orzolek, M.D. (1987).Intercruzamento de cenoura e milho doce num sistema de culturas múltiplas. Sci. Hort., 31: 17-24.

Ogenga-Latigo, M. e Russell-Smith, A. (2002). Effects of maize-legume intercrops on termite damage to maize, activity of predatory ants and maize yields in Uganda. Proteção das culturas .

Oljaca S, Cvetkovic R, Kovacevic D, Vasic G, Momirovic, N. (2000). Efeito do padrão de arranjo das plantas e da irrigação na eficiência do sistema de cultivo intercalar de milho (Zea mays) e feijão (Phaseolus vulgaris). J. Agric. Sci. (Cambridge) 135: 261 - 270.

Ossom, E.M. e Nxumalo, M. (2003). Influência das culturas de batata-doce e leguminosas de grão cultivadas em monocultura e em associação no crescimento e rendimento das culturas na Suazilândia. Relatório final apresentado ao Conselho de Investigação da Universidade da Suazilândia. setembro de 2003. 83pp.

Patterson, D.T. (1982). Respostas ao sombreamento de nozes roxas e amarelas (*Cyperus rotundis* e *C. esculentus*). Weed Sci., 30: 25-30.

Payne, R.W Harding, S.A. Murray, D.A. Soutar, D.M. Baird, D.B. Glaser, A.I. Channing, I.C. Welham, S.J. Gilmour, A.R. Thompson, R. Webster , R. (2008). GenStat Release 11 .VSN International, 5 The Waterhouse, Waterhouse Street, Hemel Hempstead, Hertfordshire HP1 1ES, Reino Unido

Reddy, M.S. e Willey, R.W. (1980).Estudos de crescimento e utilização de recursos numa cultura intercalar de milho-miúdo/amendoim. Instituto Internacional de Investigação das Culturas para os Trópicos Semi-Áridos (ICRISAT), Patancheru P.O. 502 324, Andhra Pradesh Índia

Reddy, M.S. Floyd, C.N. e Willey, R. W. (1980). Groundnut in intercropping systems. Actas do Workshop Internacional sobre Culturas Agrícolas, ICRISAT'1980, Andhra Pradesh, Índia, pp. 133-142: 133-142.

Reddy, P.S., Zade, V.R. e Desmukh, S.N (1985). Uma nova cultivar de amendoim de cacho de spamish com dormência de sementes frescas. Journal. Oilseed Res. 2:103106.

Reddy, P.S., Zade, V.R. e Desmukh, S.N (1985). Uma nova cultivar de amendoim de cacho de spamish com dormência de sementes frescas. Journal. Oilseed Res. 2:103106.

Rengel, Z. Graham RD (1995). Importância do teor de sementes para o crescimento do trigo em solos desafiadores de zinco. II. Rendimento de grãos. Solo vegetal. 173: 267 - 274

Rerkasem, K. e Rerkasem, B., 1988. Rendimentos e nutrição azotada de milho (*Zea mays* L.) e feijão-arroz (*Vigna umbellta* (Thumb.) Ohwi e Onashi) intercalados. *Plant Soil* **108**, pp. 151-162.

Rerkasem, K. Rerkasem, B. (1988). Rendimentos e nutrição azotada de milho e arroz

(Vigna umbellate [Thumb] Ohwi e Ohashi intercrop. Plant Soil 108: 125-135.

Rerkasem, K. Rerkasem, B. (1988). Rendimentos e nutrição azotada de milho e arroz (Vigna umbellate [Thumb] Ohwi e Ohashi intercrop. Plant Soil 108: 125-135.

Rhoda, E.I. (1989). Crescimento, rendimento e componentes do rendimento da soja influenciados pelas datas de sementeira e populações de plantas. Tese de Mestrado da Universidade Ahmadu Bello, Zaria, Nigéria, 65 pp.

Rupela, O. P. e Saxena, M. C. (1987) Nodulation and nitrogen fixation in chickpea. Pages 191-206 in The chickpea (Saxena M C and Sigh K B eds.). Farnham Royal, Reino Unido: Commonwealth Agricultural Bureaux International e International Center for Agricultural Research in the Dry Areas

Russell, J. T. Caldwell, R. M. (1989). Effect of component densities and nitrogen fertilization on efficiency and yield of maize/soyabeanintercrop.Experimental Agriculture, Cambridge, England, v. 25, p. 529-540,.

Russell, J.T, Caldwell, R.M. (1989). Efeitos das densidades dos componentes e da fertilização azotada na eficiência e rendimento de uma cultura intercalar de milho/soja. Exp. Agric. 25: 529 - 540.

Sanginga, N. Okogun, J. A., Vanlauwe, B., Diels, J., Carsky, R. J. e Dashiell, K. (2001).Contribuição do azoto da soja promíscua em sistemas de cultivo baseados no milho.In Sustaining Soil Fertility in West Africa.157-178.

Sangoi, L., Salvador, R.J.(1998) Efeito do desfolhamento do milho na tolerância do rendimento do grão à alta densidade de plantas e ao stress hídrico.

PesquisaAgropecuàriaBrasileira, Brasília, v.33, n.5, p.677-684.

Saxena, N.P. Natarajan,M. e Reddy, M.S. (1983) Chickpea, Pigeonpea and groundnut. In: IRRI(ed) Potential productivity of field crops under different environments IRRI, Los Banos, Phillippines. Pp 281-305.

Schoonhoven, A. van e Voysest, O. (1993). Common beans research for crop improvement (Investigação do feijão comum para o melhoramento das culturas).

Library cataloguing in publication data, Grã-Bretanha.

Searle, P.G. Comudon, E.Y, Shedden, D.C, Nance, R.A (1981). Effects of maize and legume intercropping systems and fertiliser nitrogen on crop yields and residual nitrogen. Field Crops Res., 4: 133-145.

Searle, PG, Comudon, E.Y, Shedden, D.C, Nance, R.A (1981). Effects of maize and legume intercropping systems and fertiliser nitrogen on crop yields and residual nitrogen. Field Crops Res., 4: 133-145.

Senaratne, R. Liyanage, N. D. L. Soper, R. J. (1995). Fixação de nitrogénio e

Transferência de N do feijão-frade, do feijão-mungo e do amendoim quando consorciados com o milho. Fertilizer Research, Dordrecht, v. 40, p. 41-48,

Seran, T.H. e Brintha, I. (2009). Estudo da eficiência biológica e económica do rabanete (*Raphanus sativus* L.) consorciado com amaranto vegetal (*Amaranthus tricolor* L.). Open Hortic. J., 2: 17-21.

Sharma, N.K. e Tiwari, R.S. (1996). Efeito da sombra na produção e nos caracteres que contribuem para a produção do tomate cv. Pusa Ruby. Recent Hort., 3: 89-92.

Shetty, S.V.R. Rao, A.N. (1979) Estudos sobre a gestão de infestantes em sistemas de culturas intercalares de sorgo, pombo e milho-miúdo com amendoim, algumas observações.

International workshop on intercropping, ICRISAT, Hyderabadm India, 10th - 13th January. Pp 335-342.

Sibuga, K. P., Songambele, S. S. e Kakema, T.P. (1990). Influência das datas de sementeira no crescimento e rendimento do amendoim na Tanzânia. In: *Actas do Quarto Workshop Regional de Amendoins para a África Austral*. 19-23 de março de 1990, Arusha, Tanzânia. pp. 183-188.

Silwana, T.T. e E.O. Lucas, (2002). O efeito das combinações de plantio, da monda e do rendimento das culturas componentes das culturas intercalares de milho-feijão e milho-abóbora. J. Agric. Sci., 138: 193-200.

Snaydon, R.W. e Harris, P.M. (1979). Interações abaixo do solo - o uso de nutrientes e água. Actas da Oficina Internacional de Trabalho sobre Culturas Interculturas, (IWSI'79), ICRISAT, Índia, pp. 181-201: 181-201.

Snaydon, R.W. e Harris, P.M. (1979). Interação abaixo do solo - a utilização de nutrientes e água. No workshop internacional sobre culturas intercalares. ICRISAT.181-201.

Steiner, K. G. (1984) Intercropping in tropical smalholder agriculture with special reference to West Africa. Stein, Alemanha Ocidental, 304pp

Stirling, C.M. Williams, J.H. Black, C.R. Ong, C.K. (1990). The effect of timing of shade on development, dry matter production and light use efficiency in groundnut (Arachis hypogaea L.) under field conditions, J. Agric. Res. (Australian) 41: 633-644.

Subasinghe,S. e Senaratne, R. (2000). Competição abaixo do solo em sistemas intercalares de milho/amendoim afectados pela camada de solo de enraizamento, Plant prod. Sci. 3(2): 108-111

Suryanta, E.S. e. Harwood, R.R (1976). Absorção de nutrientes de duas combinações tradicionais de culturas intercalares e incidência de insectos e doenças em três combinações de culturas intercalares. Actas do Simpósio sobre Investigação e Desenvolvimento de Sistemas de Cultivo para o Produtor de Arroz Asiático, 28 de fevereiro, IRRI, Filipinas, pp. 18-18: 18-18.

Takatlidis, I.S. Koutroubas, S.D. (2004). Uma revisão da dependência dos híbridos de milho de populações elevadas de plantas e suas implicações para a estabilidade do rendimento das culturas. Field Crop Res., 49: 119-126.

Thwala M.G. e. Ossom E.M .(2004). A associação entre leguminosas e milho influencia as caraterísticas e o rendimento das culturas. Actas do 4º Congresso Internacional de Ciência das Culturas. Faculdade de Agricultura, Universidade da Suazilândia, P.O. Luyengo, Luyengo, Suazilândia M 205

Trenbath, B. R. (1976). Interação entre plantas em comunidades de culturas mistas. In: Papendick, R. I.; Sanches, P. A.; Triplett, G. B. (Ed.). Multiple cropping. Madison:

Sociedade Americana de Agronomia,. p. 129-169. (Publicação Especial, 27).

Trenbath, B.R . (1976). Interações entre plantas em comunidades de culturas mistas In: Multiple cropping. Am. Soc. Agron. Publicação especial, 27: 129-135.

Trenbath, B.R. (1976). Interações entre plantas em comunidades de culturas mistas In: Multiple cropping. Am. Soc. Agron. Publicação especial, 27: 129-135.

Tsubo, M. Mukhala, E.. Ogindo, H.O e Walker, S. (2003).Produtividade da cultura intercalar de milho e feijão numa região semi-árida da África do Sul. Water SA. 29(4): 381-388.

Tsubo, M., Walker S. e Ogindo, H.O. (2005). Um modelo de simulação do sistema de culturas intercalares de cereais e leguminosas para regiões semi-áridas. Field Crops Res., 93: 2333.

Tweneboah, C.K. (2000). Modern agriculture in the tropics (Agricultura moderna nos trópicos). Food Crops. Co.wood publishers. Pp 37-191.

Vesterager, J.M. Nielsen, N.E. e H0gh-Jensen, H. (2008). Effects of Cropping History and Phosphorus Source on Yield and Nitrogen Fixation in Sole and Intercropped Cowpea-maize Systems. Ciclo de Nutrientes em Agroecossistemas. 80(1): 61-73.

Vesterager, J.M.,. Nielsen N.E e Hogh-Jensen, H. (2008). Efeitos do historial de cultivo e da fonte de fósforo no rendimento e na fixação de azoto em sistemas de feijão-frade isolados e consorciados. Nutrient Cycling Agroecosystems, 80: 61-73.

Waddington, S. R, MulugettaMekuria, Siziba, S. And Karigwindi J. (2007), Longterm yield sustainability and financial returns from grain legume-maize intercrops on a sandy soil in subhumid north central zimbabwe (Expl Agric.), volume 43, pp. 489-503 C

Waddington, S.R. e Edward, A.F. (1989). Métodos de investigação para a cultura intercalar de cereais/leguminosas. Actas do Workshop sobre métodos de investigação para a cultura intercalar de cereais/leguminosas na África Oriental e Austral. 23-27 de janeiro, Malawi, pp: 69-69.

Wahua, T.A.T. (1983) Nutrient uptake by intercropped maize and cowpea and a concept of nutrient supplementation index. Experimental Agric. 19: Pp 263275

West, T.D. e Griffith, D.R. (1992). Effect of strip intercropping corn and soybean on yield and profit. J. Prod. Agric., 5: 107-110.

Willey R. W. e Osiru D. S. O. (1972). Estudos sobre misturas de milho e feijão (PHASEOLUS VULGARIS) com particular referência à população de plantas Cambridge University Press The Journal of Agricultural Science, 79:517-529

Willey R.W. (1981).A Scientific Approach to Intercropping Research.Pages 4- 10.*IN* Graven, C (ED).Proceedings of the 10th international workshop on intercropping / Tyaderadad, India 10 - 13. janeiro, 1979. ICRISAT.

Willey, R.W. (1979). Intercropping, sua importância e necessidades de investigação. Parte I: concorrência e vantagens de rendimento. Resumos de Investigação sobre Culturas de Campo 32: Pp 1 - 10.

Willey, R.W. (1990) Utilização de recursos em sistemas de culturas intercalares. Agric. Water Manage, 17: 215-231.

Willey, R.W. (1997). Intercropping Sua Importância e Necessidades de Pesquisa.Field Crops Alastr 32. Pp. 73 - 85.

Williams, J.H. (2000). As implicações e aplicações dos conceitos de captação de recursos para o melhoramento das culturas através do melhoramento vegetal. Agric. For. Meteorol. 104: 49-58.

Wiyo, K.A. Kasmekera, Z.M. e Fe yen, J. (1999). Variabilidade da dimensão e forma dos cumes e sulcos e densidade populacional do milho em pequenas explorações de subsistência no Malawi. *Soil and Tillage*, 51(1-2): 113-119.

Yamada, N. (1974). Fixação biológica de azoto - recurso ilimitado para a agricultura. (Em japonês) *NettaiNokenShuho* 25:20-28.

Yayock, J.Y., Lombin, G. e Owunobi, JJ. (1988). Crop Science and Production in Warm Climates (ed: Onazi, O.C.) Macmillan Publishers, London. Pp 1827.

Zwen S.T. e Ossom, E.M. (2005). Efeitos da densidade da planta nos parâmetros de crescimento e rendimento do feijão sugerido (Phaseolus vulgaris L) na Suazilândia. Botswana Journal of Agriculture and Applied Science. 1(1):29-38.

MIX
Papier aus verantwortungsvollen Quellen
Paper from responsible sources
FSC® C105338

Printed by Books on Demand GmbH, Norderstedt / Germany